石 油 和 化 工 行 业
职业教育“十四五”规划教材

职业技能等级证书配套教材

化工危险与可操作性（HAZOP）分析

（初级）

辛 晓 严世成 张建民 主 编
梅宇烨 叶宛丽 王 珏 副主编

化学工业出版社
·北京·

内容简介

本书根据教育部公布的《化工危险与可操作性（HAZOP）分析职业技能等级标准》中对初级的要求进行编写。

本书从 HAZOP 分析的基本概念着手，循序渐进介绍了 HAZOP 分析的具体方法和实战应用，同时对计算机辅助 HAZOP 分析发展趋势进行了阐述。本书设有基础篇、方法篇、应用篇、进展篇四个部分，借鉴行动导向教学理念，以“项目引领、任务驱动”的方式编写，每个项目按照学习目标、项目导言、项目实施、项目综合评价四个层次设置，共设有 9 个项目、26 个任务。每篇最后设有“行业形势”专栏，融入行业发展和动态，以期加深学生对行业的了解，提升学生的职业素养。另外，本书配备了部分视频资源，扫描二维码即可查看。

本书可作为“化工危险与可操作性（HAZOP）分析”1+X 职业技能等级证书（初级）的技能培训教材，也可作为中职中专石油和化工类相关专业的教材及相关企业的员工培训用书，同时还可以供科研及生产一线的相关工程技术人员参考阅读。

图书在版编目（CIP）数据

化工危险与可操作性（HAZOP）分析：初级 / 辛晓，严世成，张建民主编. —北京：化学工业出版社，2023.1

1+X职业技能等级证书配套教材

ISBN 978-7-122-42367-2

Ⅰ. ①化…　Ⅱ. ①辛…②严…③张…　Ⅲ. ①化工产品－危险物品管理－职业技能－鉴定－教材　Ⅳ. ① TQ086.5

中国版本图书馆 CIP 数据核字（2022）第 191596 号

责任编辑：葛瑞祎　刘　哲　　　装帧设计：张　辉

责任校对：王　静

出版发行：化学工业出版社（北京市东城区青年湖南街13号　邮政编码100011）

印　　装：河北鑫兆源印刷有限公司

787mm×1092mm　1/16　印张13　字数198千字　2023年2月北京第1版第1次印刷

购书咨询：010-64518888　　　售后服务：010-64518899

网　　址：http://www.cip.com.cn

凡购买本书，如有缺损质量问题，本社销售中心负责调换。

定　　价：48.00元

“化工危险与可操作性（HAZOP）分析”
1+X职业技能等级证书配套教材
审定委员会

《化工危险与可操作性（HAZOP）分析（初级）》编审人员名单

主　编　辛　晓　严世成　张建民

副主编　梅宇烨　叶宛丽　王　珏

编写人员（按姓名汉语拼音顺序排列）

樊亚娟　李红霞　李雪莲　刘　艳　梅宇烨

孟繁兴　宋艳玲　王　珏　辛　晓　严世成

叶宛丽　张建民

主　审　纳永良

序

1+X 证书制度试点是深化职业教育改革的重要突破口，体现了职业教育与普通教育是两种不同类型的教育定位。2019 年 1 月，国务院发布《国家职业教育改革实施方案》（职教二十条），明确了深化职业教育改革的重大制度设计和政策举措，首次提出要在全国启动“学历证书 + 若干职业技能等级证书”（以下简称“1+X 证书”）制度试点。为了推动石油和化工行业 1+X 证书制度试点工作，在中国化工教育协会、全国石油和化工职业教育教学指导委员会的指导下，北京化育求贤教育科技有限公司于 2020 年成为教育部 1+X 证书试点的职业教育培训评价组织，面向全国开展“化工危险与可操作性（HAZOP）分析”1+X 职业技能等级证书的试点工作。

《化工危险与可操作性（HAZOP）分析》初级、中级、高级系列教材是目前国内化工类专业 1+X 证书的首批培训教材。本教材是在行业指导下，由行业企业专家和高职院校的资深教师联合编写的。教材内容依托《化工危险与可操作性（HAZOP）分析职业技能等级标准》和 HAZOP 分析工作实例进行编写，每个项目设置学习目标、项目导言、项目实施、项目综合评价四个板块，以项目任务形式呈现，打破了传统的章节框架局限。同时，通过阐述 HAZOP 分析技术与我国化工行业安全、工匠精神、安全人才培养、“卡脖子”技术等方面的关系，突出了思政教育。

当前我国经济正处在转型升级的关键时期，需要大量的技术技能人才，特别是石油和化工领域，高素质技术技能人才缺口很大，而职业教育培养的学生数量和质量还不能完全满足产业发展的需求。这就要求职业教育加快改革发展，进一步对接市场，优化专业结构，更大规模地、更高质量地培养技术技能人才，有效支撑石油和化工行业的高质量发展。1+X 证书制度试点正是在此背景下应运而生的。

推进 1+X 证书制度试点，把学历证书和职业技能等级证书结合起来，是职教改革方案的一大亮点，也是重大创新，充分体现了职业教育以职业为基础、以就业为导向的职业教育类型属性，是对以往职业教育制度设计的有效补充。同时，1+X 证书制度试点将填补放管服（简政放权、放管结合、优化服务）后技能评价的空白，推动培训评价组织成为新型的评价主体。相信这本教材的出版将会为“化工危险与可操作性（HAZOP）分析”1+X 职业技能等级证书的推广应用，起到重要的推动作用。

本书承载的研究成果凝聚了编写组和众多参与人员的智慧和付出，在全行业正大力推动职业教育改革、推动 1+X 制度试点工作之际出版此书，非常及时，也很有意义。希望广大院校积极参与到 1+X 制度试点中来，共同推动职业教育改革与发展，为加快构建现代职业教育体系，培养更多高素质、技术技能人才，能工巧匠、大国工匠，作出新的贡献。

中国化工教育协会会长　郝长江

2022年5月

前言

随着国家对安全生产日益重视，危险化学品生产企业越来越多地采用HAZOP分析等先进科学的风险评估方法来提升本质安全水平。《国家安全监管总局关于加强化工过程安全管理的指导意见》（安监总管三〔2013〕88号）规定对涉及“两重点一重大”（重点监管危险化学品、重点监管危险化工工艺和危险化学品重大危险源）的生产储存装置进行风险辨识分析，要采用危险与可操作性（HAZOP）分析技术。

《化工危险与可操作性（HAZOP）分析（初级）》是基于教育部推进“1+X证书”制度改革试点背景下，服务1+X职业技能等级证书而配套的培训学习教材，为响应国家完善职业教育和培训体系、深化产教融合的重大制度设计。

本教材分为基础篇、方法篇、应用篇、进展篇四部分，以“项目引领、任务驱动”作为编写逻辑，共设计9个项目、26个任务。基础篇包括HAZOP分析方法基础1个项目、1个任务；方法篇包括确定HAZOP分析的目标、界定HAZOP分析的范围等6个项目、19个任务；应用篇包括HAZOP分析中风险矩阵的应用1个项目、4个任务；进展篇包括计算机辅助HAZOP分析进展认知1个项目、2个任务。本书以《化工危险与可操作性（HAZOP）分析职业技能等级标准》对初级的要求为编写依据，教材内容反映化工危险与可操作性（HAZOP）分析职业岗位能力要求，同时与职业院校相关专业课程有机衔接，实现岗课证融通。

本教材为新型项目化教材，按照HAZOP分析工作过程组织教材内容，每个项目设置学习目标、项目导言、项目实施、项目综合评价四个板块，打破了传统学科体系的章节框架局限。每个任务设置相关知识、任务实施、任务反馈三个模块，通过任务驱动的方式引导读者学习基础理论和掌握HAZOP分析目标确定、分析范围界定、团队组建、分析准备等实操技能。同时，通过阐述HAZOP分析技术与我国化工行业安全、工匠精神、安全人才培养、“卡脖子”技术等方面的关系，突出思政教育。

本教材由行业企业专家和高职院校的资深教师联合编写。编写人员有丰富的HAZOP分析工作经验和教学经验，而且对相关专业学生、企业人员的学习诉求非常了解。因此，本书在知识的专业性、设计的逻辑性和内容的实用性方面，均有较高水准。

本书由中国化工教育协会辛晓、吉林工业职业技术学院严世成、滨州职业学院化工学院张建民担任主编，中国化工教育协会梅宇烨、吉林工业职业技术学院叶宛丽和衢州职业技术学院王珏担任副主编，吉林工业职业技术学院宋艳玲、东方仿真（北京）科技有限公司刘艳、常州工程职业技术学院樊亚娟、滨州职业学院李红霞、常州工程职业技术学院李雪莲、中国化工教育协会孟繁兴也参与了部分内容的编写。具体分工如下：编写大纲由辛晓提出；基础篇由辛晓、叶宛丽、严世成、孟繁兴共同编写；方法篇由辛晓、宋艳玲、刘艳、樊亚娟和王珏共同编写；应用篇由李红霞、张建民、辛晓、梅宇烨共同编写；进展篇由辛晓、李雪莲共同编写。全书由辛晓和严世成统稿、定稿。

北京思创信息系统有限公司纳永良博士对本书进行了审阅。在此，谨向在教材编写过程中作出贡献的各单位和各位领导、老师们表示衷心感谢。

由于编者水平和实践经验有限，书中不妥之处在所难免，敬请广大读者提出宝贵意见。

编者

2022年8月

目录

基础篇

方法篇

应用篇

进展篇

基础篇

项目一

HAZOP分析方法基础

【学习目标】

知识目标

1. 理解HAZOP分析方法的理念；
2. 了解HAZOP分析方法的分类。

能力目标

1. 熟悉HAZOP分析方法的理念在工业界的应用；
2. 掌握HAZOP分析的具体步骤。

素质目标

1. 通过学习HAZOP分析方法，确定HAZOP分析的重要性，树立安全意识；
2. 通过学习，掌握HAZOP分析的具体步骤，培养精益求精的工匠精神。

任务 认知HAZOP分析方法

任务目标	1. 了解HAZOP分析的概念 2. 了解HAZOP的来源 3. 掌握HAZOP分析的具体步骤
任务描述	通过本任务的学习，知晓HAZOP分析方法的概念及发展历程

【相关知识】

一、HAZOP 分析方法的定义与分类

1. HAZOP 分析方法的定义

危险与可操作性（Hazard and Operability）分析简称 HAZOP 分析，它是一种被工业界广泛采用的工艺危险分析方法，也是有效排查事故隐患、预防事故发生和实现安全生产的重要手段之一。

HAZOP 分析是按照科学的程序和方法，从系统的角度出发对工程项目或生产装置中潜在的危险进行预先的识别、分析和评价，识别出生产装置设计及操作和维修程序，并提出改进意见和建议，以提高装置工艺过程的安全性和可操作性，为制定基本防灾措施和应急预案进行决策提供依据。该方法采用表格式分析形式，具有专家分析法的特性，主要适用于连续性生产系统的安全分析与评价，是一种启发性的、实用性的定性分析方法。

2. HAZOP 分析方法的分类

HAZOP 分析方法分为传统 HAZOP 分析和基于模型的 HAZOP（Model-based HAZOP）分析。传统分析技术常用的形式有三种，即引导词方式（Guide Word Approach）、经验式（Knowledge-based HAZOP）和检查表式（Checklist）。而基于模型的 HAZOP 分析则是近年来随着计算机工具的发展而兴起的一种基于各种不同数学模型的辅助手段。

（1）基于引导词的 HAZOP 分析　传统的基于引导词的 HAZOP 分析是一种系统化地分析流程潜在危害的分析方法。其是由有经验的跨专业的专家小组对装置的设计和操作提出有关安全的问题，然后共同讨论解决问题的方法。研究中，连续的工艺流程分成许多片段，根据相关的设计参数指导词，对工艺或操作上可能出现的与设计标准参数偏离的情况来提出问题，组长引导小组成员寻找产生偏离的原因，如果该偏离导致危险发生，小组成员将对该危险做出简单的描述，评估安全措施是否充分，并可为设计和操作推荐更为有效的安全保障措施。如此对设计的每段工艺反复使用该方法分析，直到每段工艺或每台设备都被讨论过后，HAZOP 分析工作才算完成。在详细的 HAZOP 分析进行前，工艺流程图应达到相当完善的程度。在分析开始时，工艺工程师应对整个装置设

计做一个详细介绍，并讲解每一段细节的设计目的、作用，讲解内容由秘书记录下来。根据标准引导词，结合适当的参数，组长将以引导词和参数结合得到的合理的意义，针对装置的某段工艺提出问题。此种方法在国内已经有一些应用。

欧美一些发达国家由于有严格的立法、程序文件和相应完善的人才库，完成此种 HAZOP 分析相对容易，因而 HAZOP 分析得到了广泛的应用，包括 SHELL、BP 在内的一些国际大型石油 / 石化公司无一例外地选择了这种分析方法。而国内中石化工程建设公司等一些设计院也是从这种方法开始接触 HAZOP 分析方法的。国内相关研究人员也参加了 HAZOP 分析的培训，并在随后的一些设计中应用此方法并对此方法进行了一些探索。

（2）经验式 HAZOP 分析　此种方式的 HAZOP 分析主要依托原有经验对复用项目的相关及改变部分做 HAZOP 研究。此方法在一定程度上脱离了引导词，主要依靠 HAZOP 分析主持人的经验引导。此种方法可克服一些引导词方式 HAZOP 分析的缺点，如费时等。同一装置的 HAZOP 研究如采用经验式 HAZOP 分析则用时可以缩短到原来的三分之一。Exxon Mobile（以下简称 EM）最先提出了这种方法并在其公司内部使用，国内的中石化工程建设公司作为 EM 的合作伙伴最先学习并把这套方法应用于国内石化设计项目。鉴于国内设计院或工程公司的一些实际情况，此种方法似乎更能被国内设计院所接受。在其耗时较少的同时又不失完整性地对装置进行分析，目前已经应用于很多国产化项目中。

（3）检查表式 HAZOP 分析　由有经验的专业人员列出需要检查的项目，再派出检查人员针对被检查的区域逐项回答检查表上的问题，并根据分析结果提出改进意见。此种 HAZOP 分析方法是最简单的、最易执行的方法，可广泛用于设计的各个阶段，但较多地用于项目的前期工作阶段（如工艺包设计阶段），根据所用物料的危害性质，确定在设计中要重视的潜在危害。但此方法局限于已设计好的检查项目，故容易产生遗漏。

（4）基于模型的 HAZOP 分析　基于模型的 HAZOP 主要基于不同的数学模型，通过计算机辅助的手段进行自动分析，达到减少人为错误、节约时间、提高效率的目的。其中符号有向图 SDG（Signed Directed Graph）模型较为常用。SDG 是描述大规模复杂系统的一种有效方式，通过节点和有向支路表示系统变量或局部之间的因果影响关系。近年来，关于 SDG 的研究已经成为热点并已取得许多成果，特别是在安全分析领域得到了重要的应用，其中的核心问题是推理方法及其效率。也有人将 Petri 网络同 SDG 结合的建模方法用于复杂间歇过程，并提出改进建模方法，提出基于标准表的 Petri 网与 SDG 模型的连接机制，使模型自动推理，最后将模型应用于某工业生产过程，得出 HAZOP 分析结果。但此种模型仅限于具有同步、循环特性的复杂间歇生产过程。

无论是哪种，应用的最终结果都是当实际生产在设计所允许的最大变动范围内运行时，不存在出现危险和操作问题的可能性。

二、HAZOP 分析方法的来源和特点

1. HAZOP 分析方法的来源

HAZOP 分析方法最早出现在二十世纪六十年代的化工行业。随着化学工业逐步大型化，越来越多的有毒和易燃化学品的使用，使得事故的规模变得越来越难以承受。先前人们那种从事故中汲取经验教训的方法开始变得难以接受。随着历史上一些重大事件的发生，一些基本的问题摆在了人们眼前：如何预知将要发生什么，对流程是否有恰当的技术理解，如何使流程设计易于管理。这些事故案例使得人们急需一种系统化的结构化的分析方法，在设计阶段对将来潜在的危险有一个预先的认知，同时也需要工厂能够更多地接受操作人员的事故和不正常的情况出现。

英国帝国化学工业集团（Imperial Chemical Industries，简称 ICI）因此开发了危险和可操作性（HAZOP）分析技术。HAZOP 分析是一种系统化和结构化的定性危险评价手段，主要用于设计阶段确定工程设计中存在的危险及操作问题。HAZOP 分析是一种使用引导词（guide word）为中心的分析方法，以审查设计的安全性以及危害的因果关系。

1974 年，ICI 正式发布了 HAZOP 分析技术。其后历经 ICI 和英国化学工业协会（CIA）之大力推广，此分析法逐渐由欧洲传播至北美、日本及沙特阿拉伯等国家及地区。很多国际型大公司和机构都根据自身企业特点制定了相应程序。英、美等国还将 HAZOP 分析列为强制性国标，强制相关企业遵守。

随着我国国民经济的高速发展，安全理念越来越受到重视，HAZOP 分析方法伴随着安全评价的普及正在逐步得到推广。2008 年，国家安全监管总局办公

厅《关于2008年危险化学品和烟花爆竹安全监管重点工作安排的通知》（安监总厅危化〔2008〕11号）中有：有条件的中央企业在重点生产装置开展危险与可操作性分析（HAZOP）。2012年，国家安全监管总局《关于印发2012年工作要点的通知》（安监总政法〔2012〕18号）之危险化学品烟花爆竹安全监管和非药品类易制毒化学品监管重点工作安排中有：在涉及危险化工工艺装置的设计和运行阶段全面推广危险与可操作性分析（HAZOP）。2013年，国家安全监管总局　住房城乡建设部《关于进一步加强危险化学品建设项目安全设计管理的通知》（安监总管三〔2013〕76号）中有：涉及"两重点一重大"和首次工业化设计的建设项目必须在基础设计阶段开展HAZOP分析。HAZOP分析方法在我国大范围地推广和应用已经势在必行，已出台了相关政策意见（表1-1），并且制定了相应的标准与规范（表1-2）。

表1-1　关于HAZOP分析的相关政策意见

时间	事件描述
2008年9月14日	国务院安委会办公室《关于进一步加强危险化学品安全生产工作的指导意见》（安委办〔2008〕26号）：指导有关中央企业开展风险评估，提高事故风险控制管理水平；组织有条件的中央企业应用危险与可操作性分析技术（HAZOP），提高化工生产装置潜在风险辨识能力
2009年6月24日	国家安全监管总局《关于进一步加强危险化学品企业安全生产标准化工作的指导意见》（安监总管三〔2009〕124号）：有关中央企业总部要组织所属企业积极开展重点化工生产装置危险与可操作性分析（HAZOP），全面查找和及时消除安全隐患，提高装置本质安全化水平
2010年11月3日	国家安全监管总局　工业和信息化部关于危险化学品企业贯彻落实《国务院关于进一步加强企业安全生产工作的通知》的实施意见（安监总管三〔2010〕186号）：企业要积极利用危险与可操作性分析（HAZOP）等先进科学的风险评估方法，全面排查本单位的事故隐患，提高安全生产水平。大型和采用危险化工工艺的装置在初步设计完成后要进行HAZOP分析
2011年12月15日	国家安全监管总局《关于印发危险化学品安全生产"十二五"规划的通知》（安监总管三〔2011〕191号）：积极指导企业采用科学的安全管理方法，提升管理水平；继续推动中央企业开展化工生产装置HAZOP，积极推进新建危险化学品建设项目在设计阶段应用HAZOP，逐渐将HAZOP应用范围扩大至涉及有毒有害、易燃易爆，以及采用危险化工工艺的化工装置；积极推进工艺过程安全管理
2012年6月29日	国家安全生产监督管理总局　国家发展和改革委员会　工业和信息化部　住房和城乡建设部《关于开展提升危险化学品领域本质安全水平专项行动的通知》（安监总管三〔2012〕87号）：进一步加强化工过程安全管理；逐步推行化工生产装置定期（每3至5年一次）开展危险与可操作性分析（HAZOP）工作

表 1-2　关于 HAZOP 分析的标准与规范

时间	事件描述
2007 年 12 月 12 日	国家安全监管总局关于印发《危险化学品建设项目安全评价细则（试行）》的通知（安监总危化〔2007〕255 号）：对国内首次采用新技术、工艺的建设项目的工艺安全性分析，除选择其它安全评价方法外，尽可能选择危险和可操作性研究法进行
2010 年 9 月 6 日	AQ/T 3033—2010《化工建设项目安全设计管理导则》将 HAZOP 分析方法作为化工设计过程危险源分析的基本方法予以推荐。AQ/T 3034—2010《化工企业工艺安全管理实施导则》将 HAZOP 分析方法作为推荐的方法来分析和评价工艺危害
2011 年 6 月 20 日	《国家安全监管总局关于印发危险化学品从业单位安全生产标准化评审标准的通知》（安监总管三〔2011〕93 号）：一级企业涉及危险化工工艺和重点监管危险化学品的化工生产装置未进行过危险与可操作性分析（HAZOP），或未定期应用先进的工艺（过程）安全分析技术开展工艺（过程）安全分析，扣 100 分（A 级要素否决项）
2011 年 7 月 18 日	国家安全监管总局《关于征求〈氨气安全规程〉等 5 项标准（征求意见稿）修改意见的函》（管三函〔2011〕48 号）：《危险与可操作性分析方法应用指南》本标准等同采用国际电工委员会 IEC 61882《危险与可操作性分析［HAZOP 分析（Hazard and Operability Studies）］应用导则》（2001 年英文版）

据此，我国国内主要石化设计企业的安全审查重点，已由事故调查与统计跨入事前预防的领域，并同时将风险的观念及做法引入，使得工业安全及卫生管理工作逐渐由事故发生后的急救与援助阶段迈入防患于未然的阶段。

【拓展阅读】
标准规范
AQ/T 3049

2. HAZOP 分析方法的特点

HAZOP 分析方法是对装置的安全性和操作性进行设计审查，方法的本质就是通过系列的会议对整体工艺图纸和操作规程进行分析，更能发现出各种可能的潜在危险，以便采取措施。HAZOP 分析方法具有以下特点：

❶ 确立了系统安全的观点，而不是单个设备安全的观点。HAZOP 分析方法会遍历工艺过程每一个环节，深入揭示和审查工艺系统中事故剧情与可操作性问题。这种剖析过程非常有助于全面、细致地了解事故发生的机理，并据此提出预防事故或减缓后果的措施。

❷ 系统性、完善性好，有利于发现各种可能的潜在危险。HAZOP 分析是一种用于辨识设计缺陷、工艺过程危害及操作性问题的结构化分析方法，主要由生产管理、工艺、安全、设备、电气、仪表、环保、经济等工种的专家进行共同研究。这种分析方法包括辨识潜在的偏离设计目的的偏差、分析其可能的原因并评估相应的后果。它采用标准引导词，结合相关工艺参数，按流程进行系统分析，并分析正常 /

非正常时可能出现的问题、产生的原因、可能导致的后果以及应采取的措施。

❸ 涉及面非常广泛，易于掌握。HAZOP 分析的主要目的是识别危险和潜在的危险事件序列（即事故剧情），借助引导词与相关参数的结合，由多专业、具有不同知识背景的人员组成分析团队可以系统地识别各种异常工况，综合分析各种事故剧情，涉及面非常广泛，比各自独立工作更能全面地识别危险和提出更具创造性的消除或控制危险的措施，符合安全工作追求严谨缜密的特点。

HAZOP 分析方法的以上特点使之获得了广泛的应用。正确运用 HAZOP 分析方法，可以：

❶ 识别工艺过程潜在的危险和可操作性问题；

❷ 预告危险可能导致的不利后果；

❸ 清理潜在事故的形成、传播路径；

❹ 找出重要事故剧情中现有的安全措施，评估其作用；

❺ 评估潜在事故的风险水平；

❻ 需要时，提出降低风险的建议措施。

三、HAZOP 分析的基本步骤

HAZOP 分析方法包括四个方面：分析界定、分析准备、分析会议、文档和跟踪，见图 1-1。

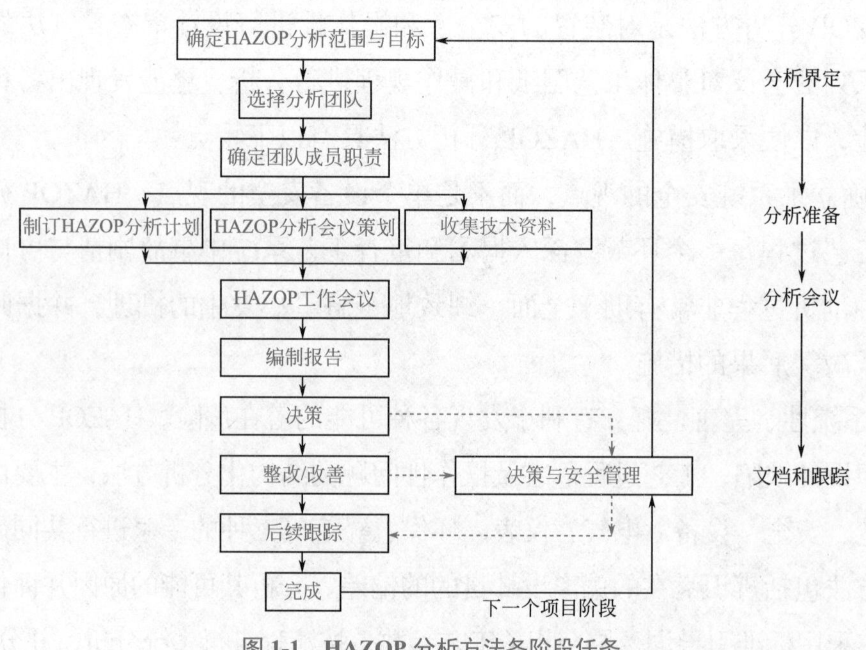

图 1-1　HAZOP 分析方法各阶段任务

❶ 分析界定。包括确定 HAZOP 分析范围与目的、组建 HAZOP 分析团队。

❷ 分析准备。包括制订 HAZOP 分析计划和进度、收集 HAZOP 分析需要的技术资料。

❸ 分析会议。包括划分节点、设计意图描述、定偏离、挖出不利后果、找出原因、分析现有的安全措施、评估风险、提出建议措施。

❹ 文档和跟踪。包括 HAZOP 分析表、HAZOP 分析报告、建议措施后续跟踪和职责、HAZOP 分析的关闭、HAZOP 分析的审查。

1. HAZOP 分析方法操作步骤

HAZOP 分析方法基本操作步骤如图 1-2 所示。

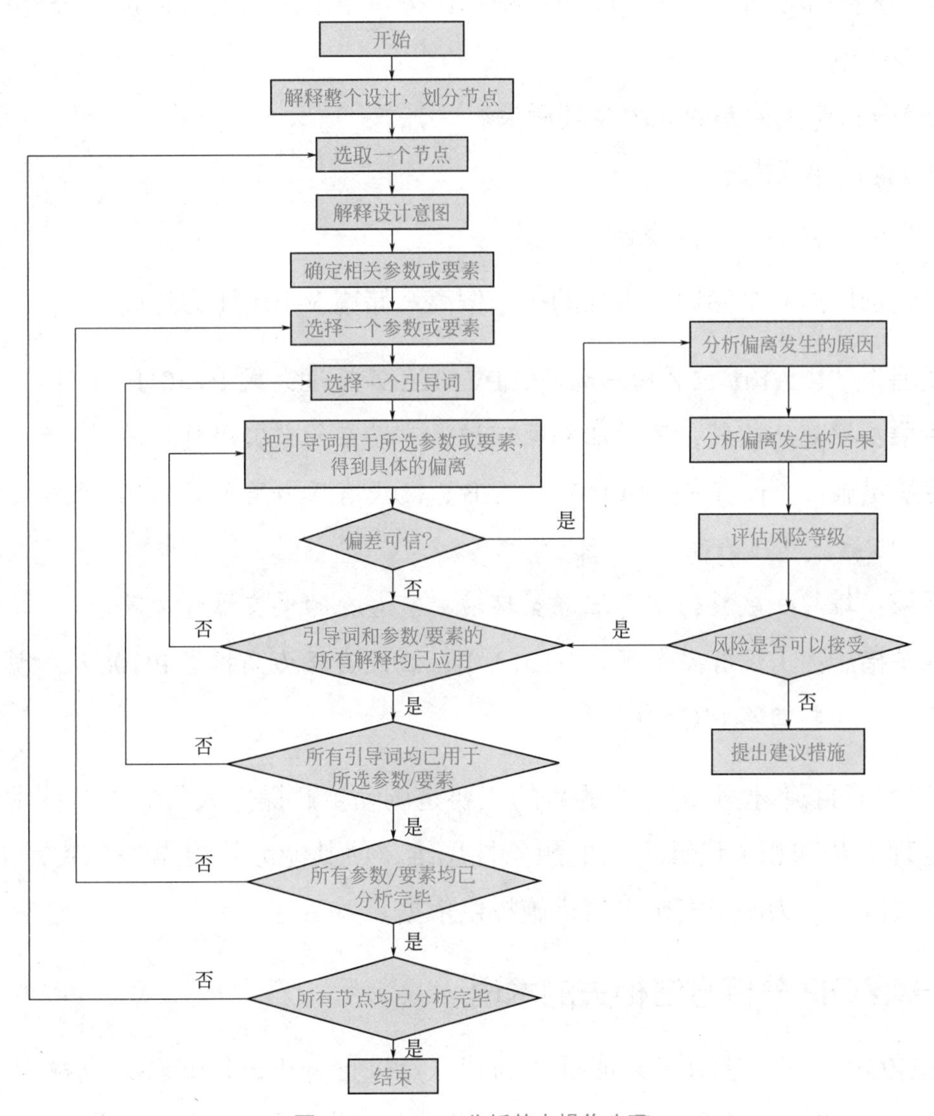

图 1-2　HAZOP 分析基本操作步骤

（1）成立分析小组　根据分析对象，成立一个由多方面专家（包括 HAZOP 分析主席、工艺工程师、设备工程师、安全工程师、操作人员、记录员等各方面人员）组成的分析小组，一般由 4 ～ 8 人组成，并指定负责人。

（2）收集资料　分析小组针对分析对象广泛地收集相关信息、资料，可包括产品参数、工艺说明、环境因素、操作规范、管理制度等方面的资料，尤其是带控制点的流程图。

（3）划分评价单元　为了明确系统中各子系统的功能，将分析对象划分成若干单元，一般可按连续生产工艺过程中的单元以管道为主、间歇生产工艺过程中的单元以设备为主的原则进行单元划分。明确单元功能，并说明其运行状态和过程。

（4）选择引导词　按照危险与可操作性分析中给出的引导词逐一分析各单元可能出现的偏差。

（5）分析产生偏差的原因及其后果。

（6）提出建议措施。

2. HAZOP 分析方法举例

我们选取离心泵储罐压力高的一个偏离：储罐 V-101 压力过高。

原因 1：PICA101 控制回路故障，PV101A 开度过大或 PV101B 关小。

后果：罐超压破裂，甲醇泄漏至环境，有潜在的火灾爆炸风险。

保护措施：①设有安全阀 PSV101A/B；②设有压力高报警 PI106 及人员响应。

原因 2：氮气压力高。

后果：罐超压破裂，甲醇泄漏至环境，有潜在的火灾爆炸风险。

保护措施：①设有安全阀 PSV101A/B；②设有压力高报警 PI106 及人员响应；③设有压力控制回路 PICA101。

危险与可操作性分析方法的目的主要是调动生产操作人员、安全技术人员、安全管理人员和相关设计人员的想象性思维，使其能够找出设备、装置中的危险、有害因素，为制定安全对策措施提供依据。

四、HAZOP 分析方法相关的术语

HAZOP 分析方法对工艺或操作的特殊点进行分析，这些特殊点称为“分析节点”，或工艺单元 / 操作步骤。通过分析每个“节点”，识别出那些具有潜在危

险的偏差，这些偏差通过引导词或关键词引出。一套完整的引导词可用于每个可识别的偏差而不被遗漏。

1. 引导词（Guide words）

引导词是一个简单的词或词组，用来限定或量化意图，并且联合参数以便得到偏离。例如“无”“较多”“较少”等。分析团队借助引导词与特定“参数”的相互搭配，来识别异常的工况，即所谓“偏离”的情形。例如，“无”是其中一个引导词，“流量”是一种参数，两者搭配形成一种异常的偏离“无流量”。引导词的应用使得 HAZOP 分析的过程更具结构性和系统性。IEC 61882 中规定的 11 个引导词：无（NO）、过多（MORE）、过少（LESS）、伴随（AS WELL AS）、部分（PART OF）、相反（REVERSE）、异常（OTHER THAN）、超前（EARLY）、滞后（LATE）、过先（BEFORE）、过后（AFTER）。

2. 工艺单元

具有确定边界的设备单元，对单元内工艺参数的偏差进行识别；对位于 P&ID 图上的工艺参数进行偏差分析。

3. 操作步骤

操作步骤指间歇过程的不连续动作，或者是由 HAZOP 分析组分析的操作步骤；可能是手动、自动或计算机自动控制，间歇过程的每一步使用的偏差可能与连续过程不同。

4. 工艺指标

工艺指标是确定装置如何按照希望的操作而不发生偏差，即工艺过程的正常操作条件；采用一系列的表格，用文字或图表进行说明，如工艺说明、流程图、P&ID 等。

5. 参数（Parameters）

参数是与过程有关的物理和化学特性，参数的类型可以分为两个大类：一是概念性参数；二是具体参数（或过程参数）。具体参数，如温度、压力、流量、液位、组成等；概念性参数，如泄漏、仪表、压力分界、布置位置、维护、启动/停止、反应、混合、浓度、pH 值等。

6. 偏离（Deviation）

偏离是指某参数偏离所期望的设计意图。例如储罐在常温常压下储存 300t 某种液态物料，其设计意图是在上述工艺条件下，确保该物料处于所希望的储存状态。如果发生了泄漏，或者温度降低到低于常温的某个温度值，就偏离了原本的意图。

"引导词 + 参数 = 偏离"

NO（无）+FLOW（流量）= 无流量

MORE（过多）+PRESSURE（压力）= 压力高

7. 原因

一旦找到发生偏差的原因，就意味着找到了对付偏差的方法和手段。

8. 后果

偏差所造成的后果；分析组常常假定发生偏差时，已有安全保护系统失效；不考虑那些细小的与安全无关的后果。

【任务实施】

通过任务学习，了解 HAZOP 分析方法（工作任务单 1-1）。

要求：1. 按授课教师规定的人数，分成若干个小组（每组 5 ～ 7 人）。

2. 完成后，以小组为单位向全体分享。

3. 时间在 30min 内，成绩在 90 分以上。

工作任务　认识 **HAZOP** 分析方法　编号：**1-1**		
考查内容：**HAZOP** 分析方法的定义与内容		
姓名：	学号：	成绩：
1. HAZOP 分析方法定义 （1）危险与可操作性（Hazard and Operability）分析简称 HAZOP 分析。它是一种被工业界广泛采用的工艺危险分析方法，也是有效（　　）、（　　）和（　　）的重要手段之一。 （2）HAZOP 分析是按照科学的程序和方法，从系统的角度出发对工程项目或生产装置中潜在的（　　）进行预先的识别、（　　），识别出生产装置设计及操作和维修程序，并提出（　　），以提高装置工艺过程的（　　），为制定基本防灾措施和（　　）进行决策提供依据。该方法采用表格式分析形式，具有专家分析法的特性，主要适用于连续性生产系统的（　　），是一种启发性的、实用性的（　　）分析方法。		选项 ❶ 排查事故隐患 ❷ 预防事故发生 ❸ 实现安全生产 ❹ 危险 ❺ 安全性和可操作性 ❻ 应急预案 ❼ 定性 ❽ 改进意见和建议 ❾ 安全分析与评价 ❿ 分析和评价

2. 简述 HAZOP 分析包含的四个方面。

【任务反馈】

简要说明本次任务的收获、感悟或疑问等。

1 我的收获

2 我的感悟

3 我的疑问

【项目综合评价】

姓名		学号		班级	
组别		组长及成员			
		项目成绩：		总成绩：	
任务	认识 HAZOP 分析方法				
成绩					

续表

<table>
<tr><th colspan="3">自我评价</th></tr>
<tr><th>维度</th><th colspan="2">自我评价内容</th><th>评分</th></tr>
<tr><td rowspan="3">知识</td><td colspan="2">1. 了解 HAZOP 的来源（10 分）</td><td></td></tr>
<tr><td colspan="2">2. 理解 HAZOP 分析方法的理念（10 分）</td><td></td></tr>
<tr><td colspan="2">3. 了解 HAZOP 分析方法的分类（20 分）</td><td></td></tr>
<tr><td rowspan="3">能力</td><td colspan="2">1. 熟悉 HAZOP 分析方法的理念在工业界的应用（10 分）</td><td></td></tr>
<tr><td colspan="2">2. 了解 HAZOP 分析方法的特点（10 分）</td><td></td></tr>
<tr><td colspan="2">3. 掌握 HAZOP 分析方法的具体步骤（20 分）</td><td></td></tr>
<tr><td rowspan="2">素质</td><td colspan="2">1. 通过学习 HAZOP 分析方法，确定 HAZOP 分析的重要性，树立安全价值观（10 分）</td><td></td></tr>
<tr><td colspan="2">2. 通过学习，掌握 HAZOP 分析的具体步骤，培养精益求精的工匠精神（10 分）</td><td></td></tr>
<tr><td colspan="3">总分</td><td></td></tr>
<tr><td rowspan="4">我的反思</td><td>我的收获</td><td colspan="2"></td></tr>
<tr><td>我遇到的问题</td><td colspan="2"></td></tr>
<tr><td>我最感兴趣的部分</td><td colspan="2"></td></tr>
<tr><td>其他</td><td colspan="2"></td></tr>
</table>

【行业形势】

HAZOP 分析与化工行业安全发展

近些年来，行业数据显示，我国在危化品生产、运输处置等环节发生的重特大事故处于历史高位，化工和涉及危险化学品的重特大事故占比越来越大。

目前，我国危化品安全生产有发展快速体量大、风险管控难度大、存在短板压力大的问题。一是分布范围广；二是企业数量多；三是安全基础差；四是涉及环节多；五是责任不落实，企业主体责任不落实，“三个必须”不到位。此外，还出现了一些新问题，如：规划不科学导致“城围化工”；新建生产装置趋于大型化、集约化和一体化，安全风险增大；特大桥梁、特长隧道涌现，危化品运输安全风险加大；日益趋严的环保法规对安全生产带来更多的新要求等。

综合来看，当前我国仍处于工业化、城镇化过程中，化工行业仍处在快速发展期，安全与发展不平衡不充分的矛盾问题十分突出，**危化品安全生产工作和相应的 HAZOP 分析亟待全面加强**。为此，国家出台了如《危险化学品安全专项整治三年行动实施方案》等一系列文件。危险化学品的风险防控是该方案的重中之重，主要涉及 3 个方面：第一，危化品的安全专项治理，主要是突出高危工艺企业的本质安全水平的问题，如何提升这些高危工艺的本质安全水平，**HAZOP 分析将在其中发挥重要作用**；第二，关于工业园区的安全整治，工业园区现在最大的问题是简单地把化工企业搬到一起，没有科学的、整体的规划和风险评估，从而产生了多米诺骨牌现象；第三，对于危险废物的安全整治，要把危险化学品的全过程监管实施起来，从生产、经营、储存、运输到废弃物的处置全链条加强监管等，**HAZOP 分析尤为必要**。

随着工业互联网技术普及应用，化工行业的安全问题除了传统意义上的工艺安全、本质安全和安全管理等，工控系统威胁正在加剧，网络安全问题日益凸显，成为行业必须要重点防范的新危险源。不同于以往的安全风险，新的网络安全威胁更具隐蔽性，且后果也更严重。石化企业涉及大量的高温高压生产工艺，原料和产品也多具有毒有害和危险性，工控系统一旦被攻击入侵，极易造成生产骤停，引发爆炸、泄漏、污染等一系列重大安全事故和环境风险，带来巨大经济损失或人员伤亡，应当引起高度重视。针对这一严峻的网络安全形势，近两年，我国政府出台了一系列相应的政策，明确了工业控制系统安全未来的发展方向及重点工作。**我们应该积极关注行业发展，树立安全发展理念，坚持生命至上**。

HAZOP

方法篇

项目二
确定 HAZOP 分析的目标

【学习目标】

知识目标

1. 熟悉工程设计阶段 HAZOP 分析的目标；
2. 熟悉生产运行阶段 HAZOP 分析的目标。

能力目标

1. 能够清晰描述出工程设计阶段 HAZOP 分析的目标；
2. 能够清晰描述出生产运行阶段 HAZOP 分析的目标。

素质目标

1. 通过学习工程设计阶段、生产运行阶段的 HAZOP 分析的目标，知晓确定 HAZOP 分析目标的重要性；
2. 通过各阶段的 HAZOP 分析，并结合目前化工生产现状，在石化行业安全生产全过程、安全管控全过程、安全教育全过程中牢固树立安全观念，为全行业筑牢安全“防火墙”。

【项目导言】

从 2008 年开始，应急管理部（原国家安监总局）要求在役装置每 3 ～ 5 年进行一次 HAZOP 分析，新建装置在详设阶段必须进行 HAZOP 分析。HAZOP 分析能有效地识别工厂潜在的风险并提前进行规避，但 HAZOP 分析技术是一套系统分析思维，首先要明确分析目标，才能保证 HAZOP 分析的质量。本项目主要介绍 HAZOP 分析目标与分析全过程管理流程，能够帮助学生在既定的时间内快速地对工艺装置进行安全分析，识别出风险，检查出安全措施的安全性，从而为完成一次高质量的 HAZOP 分析会议打开好的开端。

但是必须清楚，HZAOP 分析只是识别技术，不是解决问题的方法。HZAOP 分析实质上是定性的技术，但通过采用简单排序系统，它也能用于复杂定量分析的领域，当作定量的技术采用。HZAOP 分析不能看作纯粹的设计功能检查，正常的设计应确保质量而不考虑是否采用 HZAOP 分析，也就是说即使采用 HZAOP 分析，对于流程工业的安全，做好基础设计和应用适当的设计规范是非常重要的。HZAOP 分析的优点是系统检查整个小组的工作，相应地，每个设计人员一般只检查他们感兴趣的区域。

【项目实施】

任务安排列表

任务名称	总体要求	工作任务单	建议课时
任务一 工程设计阶段 HAZOP 分析目标的确定	通过该任务的学习，掌握工程设计阶段 HAZOP 分析目标确定方法	2-1	1
任务二 生产运行阶段 HAZOP 分析目标的确定	通过该任务的学习，掌握生产运行阶段 HAZOP 分析目标确定方法	2-2	1

任务一 工程设计阶段 HAZOP 分析目标的确定

任务目标	1. 了解工程设计阶段包含的内容 2. 了解工程设计阶段存在的安全隐患 3. 了解工程设计阶段 HAZOP 分析目标包含的内容
任务描述	通过对本任务的学习，知晓工程设计阶段 HAZOP 分析目标确定的重要性

【相关知识】

一、工程设计阶段存在的安全隐患

设计满足规范要求，并不代表设计是最优化的，规范通常只是最低标准。化工设计所采用的安全手段尚不能满足实际安全生产的要求，并不满足业主对安全的需求，主要表现在：

❶ 标准和规范的滞后性；

❷ 设计人员的经验不足。

设计通常考虑实现各种工况下的设计意图，但有可能忽视某些可能出现的非正常操作所导致的极端后果或影响。

设计中的安全问题，根据统计：

❶ 80%～95% 的设计问题可以通过安全分析发现和解决。

❷ 5%～20% 的设计中的安全隐患没有被发现，只不过大部分隐患尚未造成事故。

❸ MARS（欧洲重大事故报告系统，2004）——事后的补救措施中，39% 的设计问题被改进。

不同装置之间或系统与系统之间的界区条件未落实、信息缺乏沟通，导致设计可能有缺陷或错误。设计未考虑到业主方的操作习惯，设计存在不可操作问题。

操作中的安全问题：

❶ HAZOP 不仅关心设计问题，更关心操作问题。

❷ 对可操作性后果的研究包括导致工艺危险、环境破坏、设备损坏或造成经济损失的潜在问题。

二、工程设计阶段 HAZOP 分析目标

工程设计阶段开展 HAZOP 分析的目标主要有以下方面：

❶ 检查已有安全措施的充分性，保证工艺的本质安全；

❷ 控制变更发生的阶段，避免发生较大的变更费用。

一般来说，产品的安全性能和设施主要是在设计阶段决定的。就像人们在购买汽车时会特别注意安全方面的配置，而这些配置都是在汽车的设计阶段决定的。石油化工的设计阶段是石油化工厂的孕育阶段，这一阶段直接决定了工艺装置在未来生命周期内的安全性和可操作性。

1. 检查已有安全措施的充分性，保证工艺的本质安全

现代的石油化工厂的安全防护策略基本上是按“洋葱模型”进行的，如图 2-1 所示，由于安全保护层是由里到外的包裹层状结构，故称为“洋葱模型”。保护层由里到外的排列顺序是：限制和控制措施、预防性保护措施和减缓性保护措施。

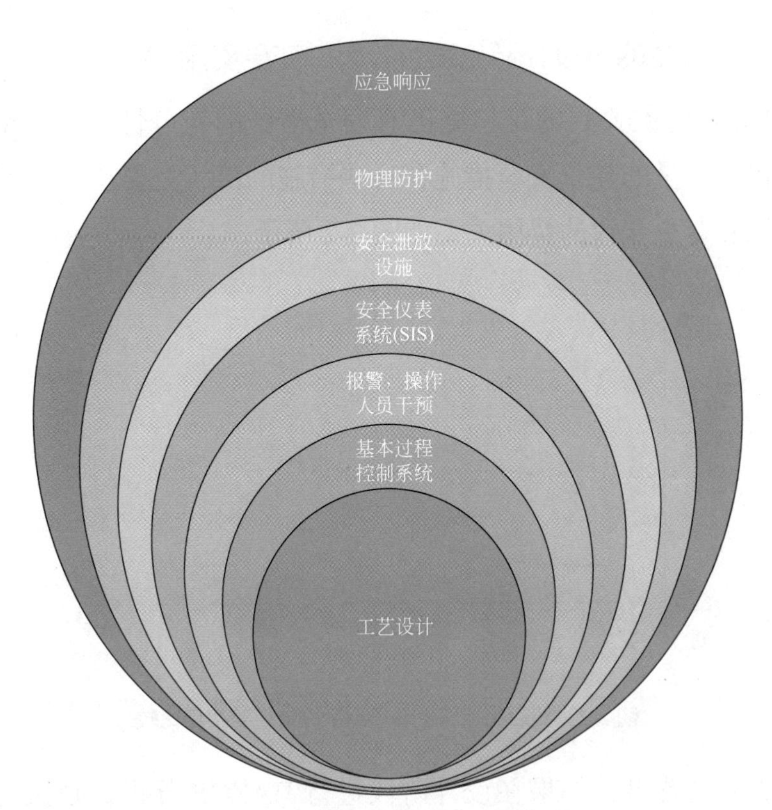

图 2-1　安全防护策略的“洋葱模型”

洋葱模型从里层到外层分别代表如下安全防护策略。

❶ 工艺设计；

❷ 基本过程控制系统；

❸ 报警，操作人员干预；

❹ 安全仪表系统（SIS）或紧急停车系统（ESD）；

❺ 安全泄放设施；

❻ 物理防护；

❼ 应急响应（水喷淋、应急预案等）。

目前先进的、具有国际水平的工艺装置基本上都采用了洋葱模型的防护策略。HAZOP 分析最主要的分析对象是工艺设计的管道仪表流程图，即 P&ID。P&ID 几乎包含了洋葱模型的所有安全措施，显示了所有的设备、管道、工艺控制系统、安全联锁系统、物料互供关系、设备尺寸、设计温度、设计压力、管线尺寸、材料类型和等级、安全泄放系统、公用工程管线等关于工艺装置的关键信息。因此通过分析 P&ID，几乎可以分析所有安全措施的充分性，检查强制性标准规范在设计中的落实情况。

2. 控制变更发生的阶段，避免发生较大的变更费用

HAZOP 分析的主要目的是检查已有安全措施的充分性。在 HAZOP 分析过程中往往会提出大量的建议安全措施，这些措施的落实需要产生变更费用。工艺装置生命周期和变更导致的费用关系如图 2-2 所示。

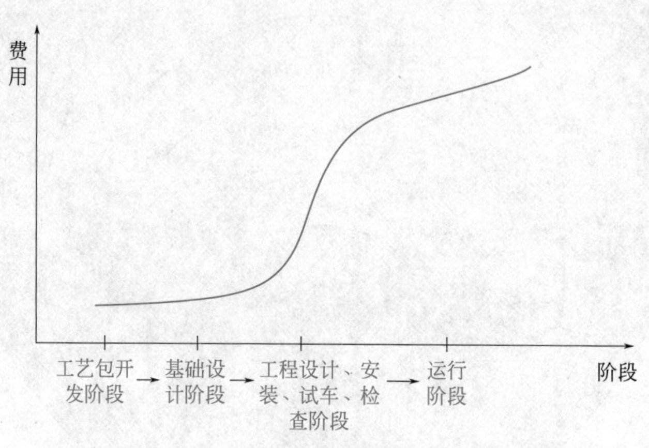

图 2-2　石油化工厂生命周期及设计变更费用比较

从图 2-2 可以看出，如果在设计阶段进行 HAZOP 分析，则执行 HAZOP 分析建议所产生的变更费用是最少的。

【任务实施】

通过任务学习，完成工程设计阶段HAZOP分析目标的确定（工作任务单2-1）。

要求：1. 按授课教师规定的人数，分成若干个小组（每组 5 ～ 7 人）。

2. 完成后，以小组为单位向全体分享。

3. 时间在 30min 内，成绩在 90 分以上。

<table>
<tr><td colspan="3">工作任务一　工程设计阶段 HAZOP 分析目标的确定　编号：2-1</td></tr>
<tr><td colspan="3">考查内容：工程设计阶段安全隐患与 HAZOP 分析目标的确定</td></tr>
<tr><td>姓名：</td><td>学号：</td><td>成绩：</td></tr>
<tr><td colspan="2" rowspan="2">1. 工程设计阶段安全隐患
（1）化工设计所采用的安全手段尚不能满足（　　）的要求，并不满足业主对（　　）的需求，其中导致隐患存在的原因包括（　　）的滞后性、设计人员的（　　）等。</td><td>选项</td></tr>
<tr><td>❶ 操作问题
❷ 设备损坏
❸ 安全
❹ 设计问题</td></tr>
</table>

	选项
（2）设计通常考虑实现各种工况下的（　　），但有可能忽视某些可能出现的（　　）所导致的极端后果或影响。 （3）HAZOP 分析不仅关心（　　），更关心（　　）。 （4）对可操作性后果的研究包括导致（　　）、（　　）、（　　）或造成（　　）的潜在问题。	❺ 经济损失 ❻ 标准和规范 ❼ 经验不足 ❽ 实际安全生产 ❾ 工艺危险 ❿ 设计意图 ⓫ 环境破坏 ⓬ 非正常操作
2. 工程设计阶段 HAZOP 分析目标的确定 （1）填写出工程设计阶段 HAZOP 分析的目标。 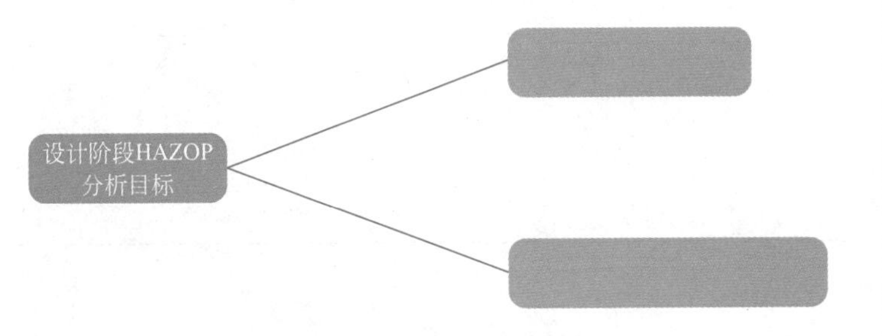 （2）“洋葱模型”中，保护层由里到外的排列顺序是：（　　）、（　　）和（　　）。 （3）将洋葱模型中保护措施补充完整。 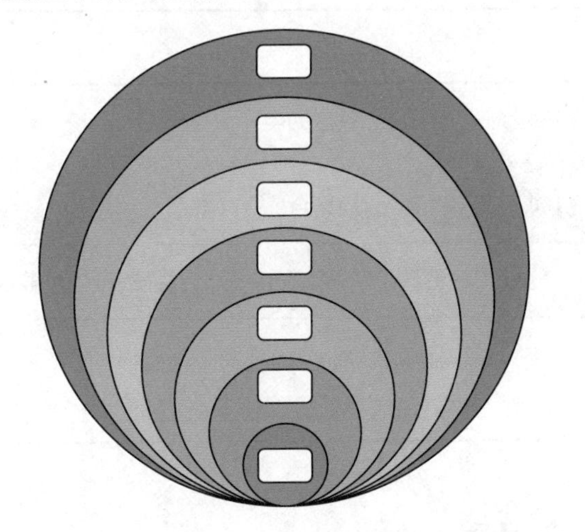 （4）在石油化工厂生命周期中，设计变更费用由高到低的阶段排列顺序为： 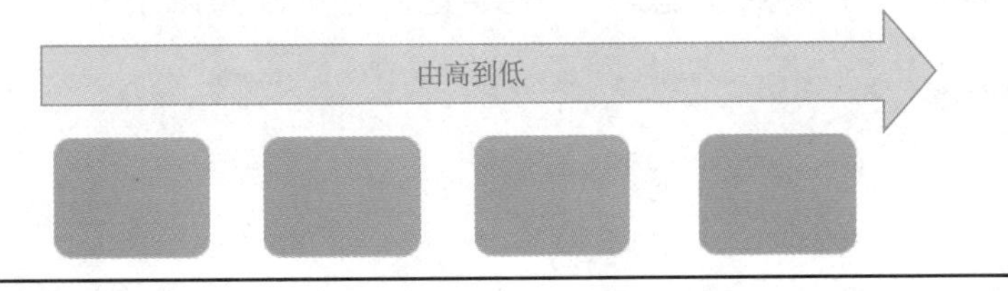 	❶ 检查已有安全措施的充分性，保证工艺的本质安全 ❷ 运行阶段 ❸ 限制和控制措施 ❹ 控制变更发生的阶段，避免发生较大的变更费用 ❺ 工艺设计 ❻ 基本过程控制系统 ❼ 工程设计、安装、试车、检查阶段 ❽ 预防性保护措施 ❾ 物理防护 ❿ 基础设计阶段 ⓫ 报警，操作人员干预 ⓬ 应急响应 ⓭ 减缓性保护措施 ⓮ 安全泄放设施 ⓯ 工艺包开发阶段 ⓰ 安全仪表系统

【任务反馈】

简要说明本次任务的收获、感悟或疑问等。

1 我的收获

2 我的感悟

3 我的疑问

任务二 生产运行阶段 HAZOP 分析目标的确定

任务目标	1. 了解生产运行阶段 HAZOP 分析目标包含的内容 2. 了解生产运行阶段存在的安全隐患 3. 了解生产运行阶段 HAZOP 分析的应用场合
任务描述	通过对本任务的学习，知晓工程设计阶段 HAZOP 分析目标确定的重要性

【相关知识】

一、生产运行阶段存在的安全隐患

在化工生产中，化工装置有很多安全隐患，从类型上主要分为以下几类。

1. 设备设施类

（1）反应釜、反应器

❶ 减速机噪声异常。

❷ 减速机或机架上油污多。

❸ 减速机塑料风叶热融变形。

❹ 机封、减速机缺油。

❺ 垫圈泄漏。

❻ 防静电接地线损坏或未安装。

❼ 安全阀未年检、泄漏、未建立台账。

❽ 温度计未年检、损坏。

❾ 压力表超期未年检、损坏或物料堵塞。

❿ 重点反应釜未采用双套温度、压力显示、记录报警。

⓫ 爆破片到期未更换、泄漏、未建立台账。

⓬ 爆破片下装阀门未开。

⓭ 爆炸危险反应釜未装爆破片。

⓮ 温度偏高、搅拌中断等导致异常升压或冲料。

⓯ 放料时底阀易堵塞。

⓰ 不锈钢或碳钢釜存在酸性腐蚀。

⓱ 装料量超过规定限度等超负荷运转。

⓲ 搪瓷釜内搪瓷破损仍使用于腐蚀、易燃易爆场所。

⓳ 压力容器超过使用年限、制造质量差，多次修理后仍泄漏。

⓴ 缺位号标识或位号标识不清。

㉑ 对有爆炸敏感性的反应釜未能有效隔离。

㉒ 重要设备未制订安全检查表。

㉓ 重要设备缺备件或备机。

（2）冷凝器、再沸器

❶ 腐蚀、垫圈老化等引起泄漏。

❷ 冷凝后物料温度过高。

❸ 换热介质层被淤泥、微生物堵塞。

❹ 高温表面没有防护。

❺ 冷却高温液体（如 150℃）时，冷却水进出阀未开，或冷却水量不够。

❻ 蒸发器等在初次使用时，急速升温。

❼ 换热器未考虑防震措施，使与其连接管道因震动造成松动泄漏。

（3）管道及管件

❶ 管道安装完毕，内部的焊渣、其他异物未清理。

❷ 视镜玻璃不清洁或损坏。

❸ 选用视筒材质耐压、耐温性能不妥，视筒安装不当。

❹ 视筒破裂或长时间带压使用。

❺ 防静电接地线损坏。

❻ 管道、法兰或螺栓严重腐蚀、破裂。

❼ 高温管道未保温。

❽ 泄爆管制作成弯管。

❾ 管道物料及流向标识不清。

❿ 管道色标不清。

⓫ 调试时不同物料串接阀门未盲死。

⓬ 废弃管道未及时清理。

⓭ 管阀安装位置低，易撞头或操作困难。

⓮ 腐蚀性物料管线、法兰等易泄漏处未采取防护措施。

⓯ 高温管道边放置易燃易爆物料的铁桶或塑料桶。

⓰ 管道或管件材料选材不合理，易腐蚀。

⓱ 玻璃管液位计没有防护措施。

⓲ 在可能爆炸的视镜玻璃处，未安装防护金属网。

⓳ 止回阀不能灵活动作或失效。

⓴ 电动阀停电、气动阀停气。

㉑ 使用氢气等压力管道没有定期维护保养或带病运行。

㉒ 使用压力管道时，操作人员未经培训或无证上岗。

㉓ 维护人员没有资质修理、改造压力管道。

㉔ 压力管道焊接质量低劣，有咬边、气孔、夹渣、未焊透等焊接缺陷。

㉕ 压力管道未按照规定设安全附件或安全附件超期未校验。

㉖ 压力管道未建立档案、操作规程。

㉗ 搪玻璃管道受钢管等撞击。

㉘ 生产工艺介质改变后仍使用现有管线、阀门，未考虑材料适应性。

㉙ 氮气管与空气管串接。

㉚ 盐水管与冷却水管串接。

（4）输送泵、真空泵

❶ 泵泄漏。

❷ 异常噪声。

❸ 联轴器没有防护罩。

❹ 泵出口未装压力表或止回阀。

❺ 长期停用时，未放净泵和管道中液体，造成腐蚀或冻结。

❻ 容积泵在运行时，将出口阀关闭或未装安全回流阀。

❼ 泵进口管径小或管路长或拐弯多。

❽ 离心泵安装高度高于吸入高度。

❾ 未使用防静电皮带。

（5）离心机

❶ 甩滤溶剂，未充氮气或氮气管道堵塞，或现场无流量计可显示。

❷ 精烘包内需用离心机甩滤溶剂时，未装测氧仪及报警装置。

❸ 快速刹车或用辅助工具（如铁棒等）刹车。

❹ 离心机未有效接地。

❺ 防爆区内未使用防静电皮带。

❻ 离心机运行时震动异常。

❼ 双锥（双锥回转真空干燥机）。

❽ 无防护栏及安全联锁装置。

❾ 人员爬入双锥内更换真空袋。

❿ 传动带无防护。

2. 电气仪表类

❶ 防爆区内设置非防爆电器或控制柜非防爆。

❷ 配电室内有蒸汽、物料管、粉尘、腐蚀性物质，致使电柜内的电气设备老化，导致短路事故。

❸ 变压器室外有酸雾腐蚀或溶剂渗入或粉尘多。

❹ 配电柜过于陈旧，易产生短路。

❺ 电缆靠近高温管道。

❻ 架空电缆周边物料管道、污水管道等泄漏，使腐蚀性物料流入电缆桥架内。

❼ 电缆桥架严重腐蚀。

❽ 电缆线保护套管老化断裂。

❾ 铺设电气线路的电缆或钢管在穿过不同场所之间的墙或楼板处孔洞时，未采用非燃烧性材料严格堵塞。

❿ 开关按钮对应设备位号标识不清。

⓫ 露天电动机无防护罩。

⓬ 设备与电气不配套（小牛拖大车、老牛拖大车），形成电气设备发热损坏、起火。

3. 人员、现场操作

❶ 没有岗位操作记录或操作记录不完整。

❷ 吸料、灌装、搬运腐蚀性物品未戴防护用品。

❸ 存在操作人员脱岗、离岗、睡岗等现象。

❹ 粉体等投料岗位未戴防尘口罩。

❺ 分层釜、槽分水阀开太大，造成水中夹油排入污水池，或排水时间过长忘记关阀而跑料。

❻ 高温釜、塔内放入空气。

❼ 提取催化剂（如活性炭等）现场散落较多。

❽ 用铁棒捅管道、釜内堵塞的物料或使用不防爆器械产生火花。

❾ 使用汽油、甲苯等易燃易爆溶剂处釜、槽未采用氮气置换。

❿ 烟尘弥漫、通风不良或缺氧。

⓫ 带压开启反应釜盖。

⓬ 员工有职业禁忌或过敏症，或接触毒物时间过长。

4. 生产工艺

❶ 存在突发反应，缺乏应对措施及培训。

❷ 随意改变投料量或投料配比。

❸ 工艺变更未经过严格审定、批准。

❹ 工艺过程在可燃气体爆炸极限内操作。

❺ 使用高毒物料时采用敞口操作。

❻ 未编写工艺操作规程进行试生产。

⑦ 未编写所用物料的物性资料及安全使用注意事项。

⑧ 所用材料分解时产生的热量未经详细核算。

⑨ 存在粉尘爆炸的潜在危险性。

⑩ 某种原辅料不能及时投入时、釜内物料暂存时存在危险。

⑪ 原料或中间体在储存中会发生自燃或聚合或分解危险。

⑫ 工艺中各种参数（温度、压力等）接近危险界限。

⑬ 发生异常状况时，没有将反应物迅速排放的措施。

⑭ 没有防止急剧反应和制止急剧反应的措施。

二、生产运行阶段 HAZOP 分析应用场景

生产运行阶段 HAZOP 分析在以下几种情况下进行。

1. 生产运行阶段的改造项目

改造项目 P&ID 确定之后的基础设计或详细设计阶段需要 HAZOP 分析。时间安排应该尽量充裕一些，以期 HAZOP 分析能够系统深入，设计能更加完善。此时进行 HAZOP 分析能及时改正错误，降低成本，减少损失。对于大型技术改造项目，实施 HAZOP 分析可参照工程设计阶段 HAZOP 分析的程序和做法。

2. 工艺或设施的变更

当工艺条件、操作流程或机器设备有变更时，需要进行 HAZOP 分析以识别新的工艺条件、流程、新的物料、新的设备是否带来新的危险，并确认变更的可行性。HAZOP 分析可以考虑成为企业变更管理的一项规定。

变更管理的一项重要任务是对变更实施危险审查，提出审查意见。这正是 HAZOP 分析的强项。通过 HAZOP 分析，还可以帮助变更管理完成多项任务，例如，更新 P&ID 和工艺流程图；更新相关安全措施；提出哪些物料和能量平衡需要更新；提出哪些释放系统数据需要更新；更新操作规程；更新检查规程；更新培训内容和教材等。

3. 定期开展 HAZOP 分析

欧美国家规定，对生产运行阶段的装置应当定期开展 HAZOP 分析。对高度危险装置，建议每隔 5 年应开展一次 HAZOP 分析。

我国某大型石化企业规定：在役装置原则上每 5 年进行一次 HAZOP 分析；

装置发生与工艺有关的较大事故后，应及时开展HAZOP分析；装置发生较大工艺设备变更之前，应根据实际情况开展HAZOP分析。

表2-1是某公司对在役装置进行HAZOP分析周期的规定。

表2-1 某公司生产运行阶段HAZOP分析周期

HAZOP分析周期	高度危险装置	中度危险装置	低度危险装置
第二次HAZOP分析	开车或初次分析后的5年	开车或初次分析后的6年	开车或初次分析后的7年
第三次HAZOP分析	先前分析后的6年	先前分析后的8年	先前分析后的10年
随后的HAZOP分析	先前分析后的7年	先前分析后的10年	先前分析后的12年

三、生产运行阶段HAZOP分析目标

在生产运行阶段实施HAZOP分析，可以全面深入地识别和分析在役装置系统潜在的危险，明确潜在危险的重点部位，确定在役装置日常维护的重点目标和对象，进而完善针对重大事故隐患的预防性安全措施。这样，通过生产运行阶段的HAZOP分析可以将企业安全监管的重点目标更加具体化，更加符合企业在役装置的实际，有助于提高安全监管效率。生产运行阶段的HAZOP分析是企业建立隐患排查、治理常态化机制的有效方式。

生产运行阶段HAZOP分析的目标主要有以下几个方面：

❶ 系统地识别和评估在役装置潜在的危险，排查事故隐患，为隐患治理提供依据；

❷ 评估装置现有控制风险的安全措施是否足够，需要时提出新的控制风险的建议措施；

❸ 识别和分析可操作性问题，包括影响产品质量的问题；

❹ 完善在役装置系统过程安全信息，为修改完善操作规程提供依据，为操作人员的培训提供更为结合实际的信息。

【任务实施】

通过任务学习，完成生产运行阶段HAZOP分析目标的确定（工作任务单2-2）。

要求：1. 按授课教师规定的人数，分成若干个小组（每组5～7人）。

2. 完成后，以小组为单位向全体分享。

3. 时间在 30min 内，成绩在 90 分以上。

<table>
<tr><th colspan="3">工作任务二　生产运行阶段 HAZOP 分析目标的确定　编号：2-2</th></tr>
<tr><td colspan="3">考查内容：生产运行阶段存在的安全隐患；HAZOP 分析应用场景与目标的确定</td></tr>
<tr><td>姓名：</td><td>学号：</td><td>成绩：</td></tr>
</table>

1. 生产运行阶段存在的安全隐患

<table>
<tr><th>类型</th><th colspan="2">存在的隐患</th></tr>
<tr><td>设备设施</td><td>（1）重点反应釜未采用（　　）、（　　）、记录报警等。
（2）爆破片到期（　　）、泄漏、（　　）等。
（3）管道及管件选用视筒材质（　　）、（　　）性能不妥，视筒安装不当；生产（　　）改变后仍使用现有管线、阀门，未考虑材料（　　）。
（4）机泵类设备长期停用时，未放净泵和管道中液体，造成（　　）或（　　）。
（5）精烘包内需用离心机甩滤溶剂时，未装（　　）及（　　）</td><td rowspan="4">选项
❶ 双套温度
❷ 耐压
❸ 压力显示
❹ 测氧仪
❺ 耐温
❻ 未更换
❼ 冻结
❽ 工艺介质
❾ 报警装置
❿ 未建立台账
⓫ 适应性
⓬ 腐蚀
⓭ 蒸汽
⓮ 非防爆电器
⓯ 物料管
⓰ 短路
⓱ 粉尘
⓲ 控制柜
⓳ 陈旧
⓴ 腐蚀性物质
㉑ 防护罩
㉒ 睡岗
㉓ 脱岗
㉔ 不防爆器械
㉕ 铁棒
㉖ 离岗
㉗ 氮气置换
㉘ 防止急剧反应
㉙ 自燃
㉚ 制止急剧反应
㉛ 聚合
㉜ 工艺操作规程
㉝ 分解</td></tr>
<tr><td>电气仪表</td><td>（1）配电室内有（　　）、（　　）、（　　）、（　　），致使电柜内的电气设备老化，导致短路事故。
（2）防爆区内设置（　　）或（　　）非防爆；露天电动机无（　　）；配电柜过于（　　），易产生（　　）</td></tr>
<tr><td>人员、现场操作</td><td>（1）使用汽油、甲苯等易燃易爆溶剂处，釜、槽未采用（　　）。
（2）在现场操作时，用（　　）捅管道、釜内堵塞的物料或使用（　　）产生火花。
（3）在生产过程中，存在操作人员（　　）、（　　）、（　　）等现象</td></tr>
<tr><td>生产工艺</td><td>（1）在装置现场，原料或中间体在储存中会发生（　　）或（　　）或（　　）危险。
（2）在生产过程中，没有（　　）和（　　）的措施，以至于事故的发生频率升高。
（3）在装置进行试生产前，未编写（　　）进行试生产</td></tr>
</table>

续表

2. 生产运行阶段 HAZOP 分析周期

请填出下面的生产运行阶段 HAZOP 分析周期表格内所缺内容。

HAZOP 分析周期	高度危险装置	中度危险装置	低度危险装置
第二次 HAZOP 分析		开车或初次分析后的 6 年	开车或初次分析后的 7 年
第三次 HAZOP 分析	先前分析后的 6 年		先前分析后的 10 年
随后的 HAZOP 分析		先前分析后的 10 年	

选项

❶ 先前分析后的 8 年
❷ 先前分析后的 7 年
❸ 先前分析后的 12 年
❹ 开车或初次分析后的 5 年

3. 生产运行阶段 HAZOP 分析目标

根据生产运行阶段进行 HAZOP 分析目标内容，完成下列判断题。

（1）HAZOP 分析所强调的是识别潜在风险，同时找出更经济有效的保护措施。（　　）

（2）生产运行阶段 HAZOP 分析的关注重点是潜在风险的识别，其他方面因素可不作为重点考虑的方向。（　　）

（3）在装置的过程安全信息等资料与现场实际的符合性差别很大时，我们可通过 HAZOP 分析，对依据的资料进行补充完善。（　　）

（4）在评估装置时发现现有控制风险的安全措施不足够，需要提出新的控制风险的建议措施，且建议措施要具有合理性。（　　）

（5）生产运行阶段进行 HAZOP 分析，可明确潜在危险的重点部位。（　　）

【任务反馈】

简要说明本次任务的收获、感悟或疑问等。

1 我的收获

2 我的感悟

3 我的疑问

【项目综合评价】

<table>
<tr><td>姓名</td><td></td><td>学号</td><td></td><td>班级</td><td></td></tr>
<tr><td>组别</td><td></td><td>组长及成员</td><td colspan="3"></td></tr>
<tr><td colspan="3">项目成绩：</td><td colspan="3">总成绩：</td></tr>
<tr><td>任务</td><td colspan="2">任务一</td><td colspan="3">任务二</td></tr>
<tr><td>成绩</td><td colspan="2"></td><td colspan="3"></td></tr>
<tr><td colspan="6">自我评价</td></tr>
<tr><td>维度</td><td colspan="4">自我评价内容</td><td>评分</td></tr>
<tr><td rowspan="6">知识</td><td colspan="4">1. 了解工程设计阶段包含的内容（10 分）</td><td></td></tr>
<tr><td colspan="4">2. 了解工程设计阶段存在的安全隐患（10 分）</td><td></td></tr>
<tr><td colspan="4">3. 了解工程设计阶段 HAZOP 分析目标包含的内容（10 分）</td><td></td></tr>
<tr><td colspan="4">4. 了解生产运行阶段 HAZOP 分析目标包含的内容（10 分）</td><td></td></tr>
<tr><td colspan="4">5. 了解生产运行阶段存在的安全隐患（10 分）</td><td></td></tr>
<tr><td colspan="4">6. 了解生产运行阶段 HAZOP 分析的应用场合（10 分）</td><td></td></tr>
<tr><td rowspan="2">能力</td><td colspan="4">1. 能够清晰描述出工程设计阶段 HAZOP 分析的目标（10 分）</td><td></td></tr>
<tr><td colspan="4">2. 能够清晰描述出生产运行阶段 HAZOP 分析的目标（10 分）</td><td></td></tr>
<tr><td rowspan="2">素质</td><td colspan="4">1. 通过学习工程设计阶段、生产运行阶段的 HAZOP 分析的目标，知晓确定 HAZOP 分析目标的重要性（10 分）</td><td></td></tr>
<tr><td colspan="4">2. 了解化工生产现状，树立安全观念（10 分）</td><td></td></tr>
<tr><td colspan="5">总分</td><td></td></tr>
<tr><td rowspan="4">我的反思</td><td>我的收获</td><td colspan="4"></td></tr>
<tr><td>我遇到的问题</td><td colspan="4"></td></tr>
<tr><td>我最感兴趣的部分</td><td colspan="4"></td></tr>
<tr><td>其他</td><td colspan="4"></td></tr>
</table>

项目三

界定 HAZOP 分析范围

【学习目标】

1. 了解 HAZOP 分析范围的界定对 HAZOP 分析工作的重要性；
2. 熟悉 HAZOP 分析范围的界定主要内容。

能力目标

1. 能辨识 HAZOP 分析范围；
2. 能辨识影响分析范围的多种因素。

素质目标

1. 通过 HAZOP 分析范围的界定主要内容，知晓 HAZOP 分析范围的界定对 HAZOP 分析工作的重要性；
2. 通过学习影响 HAZOP 分析范围的多种因素，增强分析解决问题的能力。

【项目导言】

在 HAZOP 分析会议开始前，必须明确 HAZOP 分析范围。HAZOP 分析范围往往是一套工艺装置、一个单元或一些设计变更等。HAZOP 分析范围由业主与设计单位共同确定。

【项目实施】

任务安排列表

任务名称	总体要求	工作任务单	建议课时
典型工艺项目 HAZOP 分析范围的界定	学生将通过该任务，掌握 HAZOP 分析范围与目的	3-1	1

任务 典型工艺项目 HAZOP 分析范围的界定

任务目标	1. 理解 HAZOP 分析范围的基本内容 2. 理解界定 HAZOP 分析范围的影响因素 3. 会界定典型工艺项目的 HAZOP 分析范围
任务描述	通过典型工艺项目中 HAZOP 分析范围界定的案例分析，掌握界定 HAZOP 分析范围的基本方法，知晓界定 HAZOP 分析范围的重要性

【相关知识】

一、确定 HAZOP 分析范围

进行 HAZOP 分析的界定，首先要确定 HAZOP 分析范围，就是要确定对哪些工艺装置、单元和公用工程及辅助设施进行 HAZOP 分析。要明确 HAZOP 分析是对哪些管道仪表流程图（P&ID）和相关资料进行的分析。确定 HAZOP 分析范围要考虑多种因素，主要包括：

❶ 系统的物理边界及边界的工艺条件分析处于系统生命周期的哪个阶段，可用的设计说明及其详细程度；

❷ 系统已开展过的任何工艺危险分析的范围，不论是 HAZOP 分析还是其他相关分析；

❸ 适用于该系统的法规要求或企业内部规定。

二、确定 HAZOP 分析的目的

进行 HAZOP 分析的界定，要确定 HAZOP 分析的目的。HAZOP 分析包括检查和确认设计是否存在安全和可操作性问题，以及已有安全措施是否充分，HAZOP 分析不以修改设计方案为目的，提出的建议措施是对原设计的补充与完善。将 HAZOP 分析的焦点严格地集中于辨识危险，能够节省精力，并在较短的时间内完成。确定 HAZOP 分析目的时要考虑以下因素：

❶ 分析结果的应用目的；

❷ 可能处于风险中的人或财产，如员工、公众、环境、系统；

❸ 可操作性问题，包括影响产品质量的问题；

❹ 系统所要符合的标准，包括系统安全和操作性能两个方面的标准。

【任务实施】

通过任务学习，完成典型工艺项目HAZOP分析范围的界定（工作任务单3-1）。

要求：1. 按授课教师规定的人数，分成若干个小组（每组5～7人）。

2. 完成后，以小组为单位向全体分享。

3. 时间在30min内，成绩在90分以上。

工作任务　典型工艺项目 **HAZOP** 分析范围的界定　编号：**3-1**		
考查内容：**HAZOP** 分析范围及影响因素：**HAZOP** 分析目的及影响因素		
姓名：	学号：	成绩：

1. 进行HAZOP分析的界定，首先要确定HAZOP分析范围，就是要确定对（　）的HAZOP分析。

A. 工艺装置

B. 单元

C. 公用工程

D. 辅助设施

2. 简述确定HAZOP分析范围时要考虑的因素。

----

3. 简述确定HAZOP分析目的时要考虑的因素。

----

4. 根据HAZOP分析团队成员及职责内容学习，完成下列判断题。

（1）HAZOP分析是检查和确认设计是否存在安全和可操作性问题以及已有安全措施是否充分，HAZOP分析可以修改设计方案。（　　）

（2）HAZOP分析提出的建议措施是对原设计的补充与完善。（　　）

【任务反馈】

简要说明本次任务的收获、感悟或疑问等。

1 我的收获

2 我的感悟

3 我的疑问

【项目综合评价】

姓名		学号		班级	
组别		组长及成员			
项目成绩：			总成绩：		

任务	典型工艺项目 HAZOP 分析范围的界定	
成绩		
自我评价		
维度	自我评价内容	评分
知识	1. 了解 HAZOP 分析范围的重要作用（10 分）	
	2. 了解 HAZOP 分析目的的确定（10 分）	
	3. 熟悉 HAZOP 分析范围界定的内容（10 分）	
	4. 熟悉 HAZOP 分析范围取决的因素（10 分）	

续表

维度	自我评价内容		评分
能力	1. 能确定 HAZOP 分析目的（10 分）		
	2. 能辨识 HAZOP 分析范围（10 分）		
	3. 能辨识影响分析范围的多种因素（10 分）		
素质	1. 通过 HAZOP 分析范围的界定主要内容，知晓 HAZOP 分析范围的界定对 HAZOP 分析工作的重要性（15 分）		
	2. 通过学习，增强分析解决问题的能力（15 分）		
总分			
我的反思	我的收获		
	我遇到的问题		
	我最感兴趣的部分		
	其他		

项目四
选择 HAZOP 分析团队

【学习目标】

知识目标

1. 了解 HAZOP 分析团队组建的重要意义；
2. 熟悉 HAZOP 分析团队组成及成员职责。

能力目标

1. 能够明确提出 HAZOP 分析团队成员资格要求；
2. 能够清晰辨识出 HAZOP 分析团队成员职责。

素质目标

1. 通过学习 HAZOP 分析团队成员及职责，知晓确定 HAZOP 分析团队的重要性；
2. 通过学习，增强学生的沟通、交流及团队协作能力。

【项目导言】

HAZOP 分析团队的组成对于 HAZOP 分析的成败及质量起决定性作用。HAZOP 分析对 HAZOP 分析团队的每个成员都有专业、能力和经验要求。HAZOP 分析主席是 HAZOP 分析团队的组织者、协调者、指导者和总结者。HAZOP 分析主席必须具有一定的经验、知识、管理能力和领导能力。

HAZOP 分析由多专业组成的团队以会议的方式进行，团队成员必须具有足够的经验和知识，这样大部分问题能够在分析会上得到解决。无论是业主还是承包商，都应对 HAZOP 分析团队成员进行认真的选择，并赋予他们充分的权限。

【项目实施】

任务安排列表

任务名称	总体要求	工作任务单	建议课时
HAZOP 分析团队组建	通过该任务的学习，掌握 HAZOP 分析团队成员组成及工作职责	4-1	1

任务 HAZOP 分析团队组建

任务目标	1. 了解 HAZOP 分析团队组建的重要意义 2. 了解 HAZOP 分析团队成员的基本资格要求 3. 掌握 HAZOP 分析团队成员组成及工作职责
任务描述	通过对本任务的学习，知晓 HAZOP 分析团队组的重要性及团队成员职责

【相关知识】

一、HAZOP 分析团队组建模式

HAZOP 分析工作是一项团队工作，对于工艺装置的设计过程，没有任何其他工作比 HAZOP 分析更能体现团队协作的重要性。

HAZOP 分析的目的是对工艺装置的本质安全性进行检查。本质安全是工艺装置的一个内在属性。如果工艺装置的本质安全方面存在缺陷和隐患，一旦工艺装置因此发生事故，那么这个事故就有可能是灾难性的。安全管理的五个决定性要素是人、机、料、法、环。HAZOP 分析工作必须由一些“人”去完成，并且对这些人的能力、专业有一定的要求。要把这些人有效地组织起来，形成一个“团队”。这个“团队”的任务就是去查找工艺装置的危险源、分析安全措施的有效性，工作成果就是产生一份能够得到各方认可的、高质量的 HAZOP 分析报告。

现代的项目管理模式讲究事先策划。HAZOP 分析工作是项目管理的一个非

常重要的环节。因此在对项目管理进行策划时，必须对 HAZOP 分析工作进行策划。而如何组建 HAZOP 分析团队是一项重要的策划工作，这必须在项目的早期阶段明确。

HAZOP 分析团队的组建主要有第三方主导和自主完成两种模式。

（1）第三方主导模式　业主发起 HAZOP 分析工作，但该项工作的实施由业主委托第三方完成。由第三方负责代表业主组织和完成 HAZOP 分析工作，设计方或项目执行方配合 HAZOP 分析工作。在这种情况下 HAZOP 分析主席和记录员一般来自第三方。这种组织模式的好处是 HAZOP 分析工作具有一定的独立性。缺点是第三方往往对业主的管理模式、操作规程和实践流程不熟悉。这里的“业主”是相对的概念。有时业主会委托另外一方代替业主进行项目管理，那么代替业主进行项目管理的一方也可以称为“业主”。

（2）自主完成模式　一些有实力的国际石油化工公司有时选择自己完成 HAZOP 分析工作。这些公司往往在过程安全管理方面，特别是 HAZOP 分析方面有长期积累的经验和长期培养的人力资源。在这种情况下，HAZOP 分析团队的核心人物如 HAZOP 分析主席、操作专家往往从集团的某个现有工厂或某个部门抽调过来。这些人长期在该集团公司工作，通常具有相当的经验和知识。这种组建模式的优点是集团内部的经验能够共享，有利于不断增强 HAZOP 分析核心人员的能力。这种模式也能节省时间。

无论哪种模式，HAZOP 分析工作的第一责任人都应该是业主，发起人也应该是业主。这项工作要么自己组织，要么通过正式的合同要求第三方完成。

HAZOP 分析团队应该具有一定的独立性，这种独立性能够使 HAZOP 分析更严格、更客观。

二、HAZOP 分析团队成员资格、能力与职责

HAZOP 分析需要团队成员的共同努力，每个成员均有明确的分工，要求团队成员具有分析所需要的相关技术、操作技能以及经验。HAZOP 分析团队应尽可能小，通常一个分析团队至少 4 人，很少超过 8 人。团队越大，进度越慢。一般而言，HAZOP 分析团队至少包含以下成员。

1. HAZOP 分析主席

一个已经有计划的 HAZOP 分析能否按时完成，分析过程能否顺利进行，

HAZOP 分析的质量能否得以保证，往往取决于 HAZOP 分析主席的能力和经验。HAZOP 分析主席是 HAZOP 分析团队的组织者、协调者、指导者和总结者，因此 HAZOP 分析工作要求 HAZOP 分析主席必须具有一定的专业知识、安全评价经验、管理能力和领导能力。

对 HAZOP 分析主席的基本要求是：熟悉工艺；有能力领导一支正式安全审查方面的专家队伍；熟悉 HAZOP 分析方法；有被证实的在石化企业进行 HAZOP 分析的记录，最好具有注册安全工程师专业资格或相当资格；有大型石化项目设计安全方面的经验；对于在役装置的 HAZOP 分析，可能要求 HAZOP 分析主席有装置运行和操作方面的经验。

HAZOP 分析主席的任务是引导分析团队按照 HAZOP 分析的步骤完成分析工作。HAZOP 分析主席负责 HAZOP 分析节点的划分，保证每个节点根据其重要性得到应有的关注。HAZOP 分析主席在安排某一个特定的 HAZOP 分析进度时，应检查 HAZOP 分析所必需的文件是否已经准备好。因此，要求 HAZOP 分析主席熟悉一般的设计流程并了解一般设计文件的深度要求。在 HAZOP 分析开始前，HAZOP 分析主席还要确认分析团队成员是否能够按时到位，并且已经明确了各自的任务。

在 HAZOP 分析会议进行过程中，HAZOP 分析主席要指导记录员对分析过程进行详细且准确的记录，特别是对建议和措施的记录。在会议进行过程中，HAZOP 分析主席一个很重要的任务是掌握会议的节奏和气氛，特别要避免出现“开小会”的局面。HAZOP 分析主席应保证团队成员根据自己的专业特长对分析作出相应的贡献，而不能形成“一言堂”的局面。当团队成员之间就某个问题存在严重分歧而无法达成一致意见时，HAZOP分析主席应决定进一步的处理措施，如：咨询专业人员或建议进行进一步的研究等。

HAZOP 分析主席负责编辑和签署最终的 HAZOP 分析报告。

2. 工艺工程师

工艺工程师来自设计方、厂方或第三方。对于设计方，工艺工程师一般应是被分析装置的工艺专业负责人或主项负责人。有时候业主也会派出工艺工程师参加会议，他们一般来自相同装置或是在建装置的工艺工程师。对于在役装置的 HAZOP 分析，业主方参加 HAZOP 分析的工艺工程师应是熟悉装置改造、操作和维护的人员。

在 HAZOP 分析过程中，工艺工程师的主要职责有：

❶ 负责介绍工艺流程，解释工艺设计目的，参与讨论；

❷ 落实 HAZOP 分析提出的与本专业有关的意见和建议。

3. 工艺控制 / 仪表工程师

工艺控制 / 仪表工程师一般来自设计方，有时候业主也会派出工艺控制 / 仪表工程师。其主要职责有：

❶ 负责提供工艺控制和安全仪表系统等方面的信息；

❷ 落实 HAZOP 分析提出的与本专业有关的意见和建议。

4. 专利商或供货商代表（需要时）

专利商代表一般由业主负责邀请。专利商代表负责对专利技术提供解释并提供有关安全信息，参与制订改进方案。

供货商代表主要指大型成套设备（如压缩机组）的厂商代表。在进行详细工程设计阶段的 HAZOP 分析时，需要邀请供货商参加成套设备的 HAZOP 分析会。

5. 操作专家 / 代表

一般由业主方派出。能力要求及主要职责是：

❶ 熟悉相关的生产装置，具有班组长及以上资历，有丰富的操作经验和分析表达能力；

❷ 提供相关装置安全操作的要求、经验及相关的生产操作信息，参与制订改进方案，落实并完成 HAZOP 分析提出的有关安全操作的要求。

6. 秘书或记录员

秘书或记录员的重要任务是对 HAZOP 分析过程进行清晰和正确的记录，包括识别的危险源和可操作性问题以及建议的措施。因此建议由设计方、厂方或第三方的一名工艺工程师担任 HAZOP 分析记录员。HAZOP 分析记录员应该熟悉常用的工程术语，如果用计算机辅助 HAZOP 分析软件进行记录的话，HAZOP 分析记录员应对软件进行熟悉并且具有快捷的计算机文字输入能力。在进行 HAZOP 分析的过程中，记录员在主席的指导下进行记录。

7. 安全工程师

安全工程师主要是协助项目经理 / 设计经理计划和组织 HAZOP 分析活动，协调和管理 HAZOP 分析报告所提意见和建议的落实，负责跟踪并定期发布 HAZOP 分析报告意见和建议的关闭情况。

8. 其他专业人员

❶ 按需参加 HAZOP 分析活动，负责提供有关信息；

❷ 落实 HAZOP 分析报告中与本专业有关的意见和建议。

【任务实施】

通过任务学习，完成 HAZOP 分析团队组建（工作任务单 4-1）。

要求：1. 按授课教师规定的人数，分成若干个小组（每组 5 ～ 7 人）。

2. 完成后，以小组为单位向全体分享。

3. 时间在 30min 内，成绩在 90 分以上。

工作任务　**HAZOP** 分析团队组建　编号：**4-1**		
考查内容：**HAZOP** 分析团队成员及职责		
姓名：	学号：	成绩：

1. 选择题

（1）HAZOP 评价组人员应具有 HAZOP 研究经验，最少由（　　）人组成。

A. 4　B. 5　C. 6　D. 7

（2）HAZOP 分析小组需要（　　）专业技术人员共同参与。

A. 设备、仪表　B. 工艺、设备　C. 安全、仪表　D. 工艺、安全、设备、仪表、操作

（3）（多选）HAZOP 分析主席主要职责有（　　）。

A. 协助项目负责人，确定分析小组成员　B. 制订分析计划、进行分析准备

C. 主持分析会议、编写分析报告　D. 与分析项目负责人沟通

（4）（多选）HAZOP 分析小组成员可来自（　　）。

A. 技术机构　B. 项目委托方　C. 设计单位　D. 承包方

（5）以下（　）不属于 HAZOP 分析主席的基本要求。

A. 熟悉工艺　B. 有能力领导一支正式安全审查方面的专家队伍

C. 熟悉 HAZOP 分析方法　D. 具备安全工程师专业资格

续表

(6)(多选)优秀的 HAZOP 分析主席具有的优点有(　　)。

A. 有综合专业特长和实际工作经历　　B. 善于启发集体智慧

C. 善于把握分析深度和进度　　D. 善于启发和把握评价的客观性和真实性

(7)(多选)下面属于工艺工程师在 HAZOP 中的责任的是(　　)。

A. 协助项目经理计划和组织 HAZOP 分析会议

B. 负责提供安全方面的信息，并参与讨论

C. 负责介绍工艺流程，解释设计意图

D. 负责跟踪分析提出的所有相关意见和建议的落实与关闭

(8)以下不属于 HAZOP 分析小组职责的是(　　)。

A. 划分节点　　B. 后果评价　　C. 提出建议　　D. 重新进行设计

2. 根据 HAZOP 分析团队成员及职责内容学习，完成下列判断题。

(1) HAZAOP 分析的评价组的大多数评价人员应具有 HAZOP 研究经验，而 HAZOP 分析组最少应由 4 人组成，包括组织者、记录员、两名熟悉过程设计和操作人员。(　　)

(2) HAZOP 分析可以不用组织分析小组，直接由 1 ～ 2 人完成。(　　)

【任务反馈】

简要说明本次任务的收获、感悟或疑问等。

1 我的收获

2 我的感悟

3 我的疑问

【项目综合评价】

<table>
<tr><td>姓名</td><td></td><td>学号</td><td></td><td>班级</td><td></td></tr>
<tr><td>组别</td><td></td><td>组长及成员</td><td colspan="3"></td></tr>
<tr><td colspan="6">项目成绩：　　　　　　　　　总成绩：</td></tr>
<tr><td>任务</td><td colspan="5">HAZOP 分析团队成员及职责</td></tr>
<tr><td>成绩</td><td colspan="5"></td></tr>
<tr><td colspan="6">自我评价</td></tr>
<tr><td>维度</td><td colspan="4">自我评价内容</td><td>评分</td></tr>
<tr><td rowspan="4">知识</td><td colspan="4">1. 了解 HAZOP 分析团队的成员组成及资格条件（10 分）</td><td></td></tr>
<tr><td colspan="4">2. 知晓团队组建对 HAZOP 分析工作的重要性（10 分）</td><td></td></tr>
<tr><td colspan="4">3. 掌握 HAZOP 分析成员的必备能力及基本职责（10 分）</td><td></td></tr>
<tr><td colspan="4">4. 掌握主持 HAZOP 分析会议的技巧（10 分）</td><td></td></tr>
<tr><td rowspan="4">能力</td><td colspan="4">1. 能明确 HAZOP 分析团队的组建模式及优缺点（10 分）</td><td></td></tr>
<tr><td colspan="4">2. 能明确 HAZOP 分析团队成员所需资格条件和能力（10 分）</td><td></td></tr>
<tr><td colspan="4">3. 能掌握 HAZOP 分析团队成员在会议中的具体分工与职责（10 分）</td><td></td></tr>
<tr><td colspan="4">4. 能够主持 HAZOP 分析会议（10 分）</td><td></td></tr>
<tr><td rowspan="2">素质</td><td colspan="4">1. 通过学习 HAZOP 分析团队成员的能力与职责，增强自身对提升职业素养重要性的认识（10 分）</td><td></td></tr>
<tr><td colspan="4">2. 通过学习 HAZOP 分析会议主持技巧，增强团队协作与责任担当意识（10 分）</td><td></td></tr>
<tr><td colspan="5">总分</td><td></td></tr>
<tr><td rowspan="4">我的反思</td><td colspan="2">我的收获</td><td colspan="3"></td></tr>
<tr><td colspan="2">我遇到的问题</td><td colspan="3"></td></tr>
<tr><td colspan="2">我最感兴趣的部分</td><td colspan="3"></td></tr>
<tr><td colspan="2">其他</td><td colspan="3"></td></tr>
</table>

【项目扩展】

HAZOP 分析会议的基本流程

如图 4-1 所示，HAZOP 分析会议包括划分节点、偏离确认、分析事故后果、查找事故原因及剧情保护措施、分析剩余风险、讨论建议措施等。

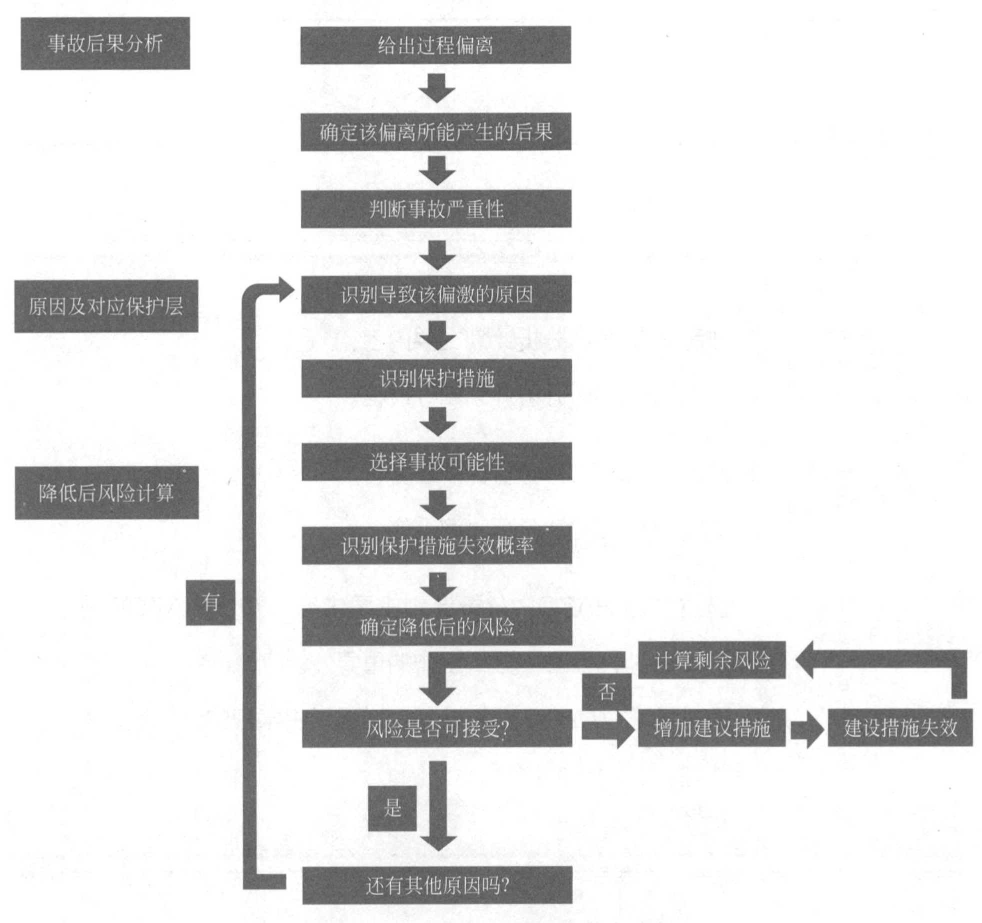

图 4-1　HAZOP 分析会议基本流程

项目五
HAZOP 分析准备

【学习目标】

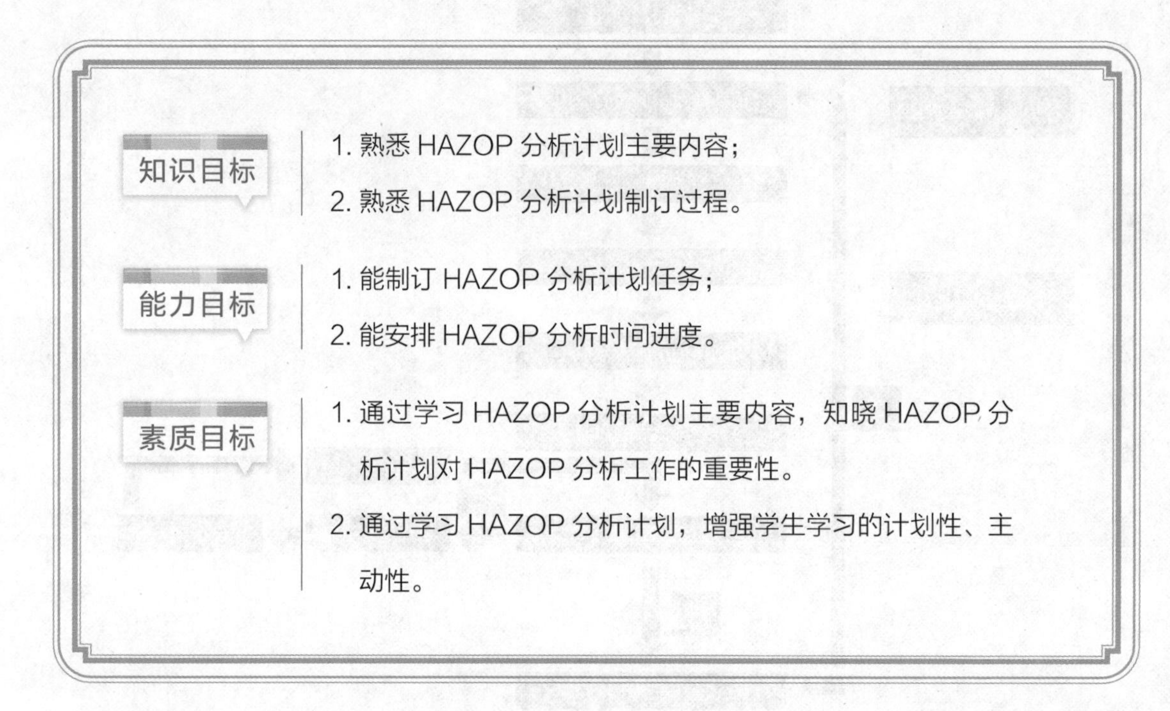

知识目标

1. 熟悉 HAZOP 分析计划主要内容；
2. 熟悉 HAZOP 分析计划制订过程。

能力目标

1. 能制订 HAZOP 分析计划任务；
2. 能安排 HAZOP 分析时间进度。

素质目标

1. 通过学习 HAZOP 分析计划主要内容，知晓 HAZOP 分析计划对 HAZOP 分析工作的重要性。
2. 通过学习 HAZOP 分析计划，增强学生学习的计划性、主动性。

【项目导言】

HAZOP 分析是需要时间的。HAZOP 分析作为一项团队工作，需要几个人共同完成，因此需要对 HAZOP 分析会议进行准备，其中一项重要事情就是确定 HAZOP 分析会议的开始和结束时间。对于新建工艺装置，一般由业主委托有资质的设计单位进行工程设计。由于工期要求和设计单位各专业之间工作衔接的需要，确定合适的 HAZOP 分析时机和时间进度尤为重要。对于新建装置，一般都由业主、安全工程师与工艺工程师共同商量一个 HAZOP 分析时间进度表，经项目经理成负责人批准后方发布给相关方，相关方应根据自己所承担的任务开展准备工作。

【项目实施】

任务安排列表

任务名称	总体要求	工作任务单	建议课时
任务一 制订 HAZOP 分析计划	通过该任务的学习，掌握 HAZOP 分析计划主要内容及分析计划制订过程	5-1	1
任务二 收集 HAZOP 分析需要的技术资料	通过该任务的学习，了解 HAZOP 分析所需技术资料信息	5-2	1

任务一 制订 HAZOP 分析计划

任务目标	1. 了解 HAZOP 分析计划的重要意义 2. 掌握 HAZOP 分析计划制订的主要内容 3. 掌握 HAZOP 分析计划和进度制订过程
任务描述	通过对该任务的学习，知晓 HAZOP 分析计划和进度制订过程的重要性

【相关知识】

一、HAZOP 分析计划内容

在进行 HAZOP 分析前，由 HAZOP 分析主席负责制订 HAZOP 分析计划。具体应包括如下内容：

❶ 分析目标和范围；

❷ 分析成员的名单；

❸ 详细的技术资料；

❹ 参考资料的清单；

❺ 管理安排、HAZOP 分析会议地点；

❻ 要求的记录形式；

❼ 分析中可能使用的模板。

二、HAZOP 分析时间进度表

HAZOP 分析的组织者要根据装置的规模、P&ID 的数量和难易程度估算 HAZOP 分析的时间。HAZOP 分析时间的长短直接决定了 HAZOP 分析本身需要的费用。这项工作一般由业主、HAZOP 分析主席、过程安全工程师完成。根据经验，对于中等复杂程度的 P&ID，在采用"引导词法"进行 HAZOP 分析时，平均每天大概能完成 3.5 张。在策划 HAZOP 分析工作时，可以据此对花费的时间进行估计。

三、HAZOP 分析其他条件准备

HAZOP 分析是一项重要的安全审核工作，它是一项正式的安全活动，因此在会议室准备方面也不能忽视。应提供合适的房间设施、可视设备及记录工具，以便会议有效地进行。首先应根据参加 HAZOP 分析人员的多少估计会场的大小，一般要选择一个能容纳 12 ～ 13 人的会议室。会议室应尽量选择在安静的地方。会议室应该有投影仪、笔记本电脑、黑板、翻页纸、胶带等。有时候要考虑在墙上悬挂大号的 P&ID 图纸，所以要求会议室的墙壁不能有影响悬挂的物件。HAZOP 分析是一项非常耗费精力的工作，必须安排适当的休息时间。会议室一般要准备茶水、咖啡、水果和甜点等。

第一次会议前宜对分析对象开展现场调查，HAZOP 分析主席应将包含分析计划及必要参考资料的简要信息包分发给分析团队成员，便于他们提前熟悉内容。HAZOP 分析主席可以安排人员对相关数据库进行查询，收集相同或相似的曾经出现过的事故案例。

在 HAZOP 分析的计划阶段，HAZOP 分析主席应提出要使用的引导词的初始清单，并针对系统分析所提出的引导词，确认其适宜性；应仔细考虑引导词的选择，如果引导词太具体可能会限制思路或讨论，如果引导词太笼统可能又无法有效地集中到 HAZOP 分析中。

HAZOP 分析是一种有组织的团队活动，要求遍历工艺过程的所有关键"节点"，用尽所有可行的引导词，而且必须由团队通过会议的形式进行，是一种耗时的任务。因此，在进行 HAZOP 分析准备时，其中一项重要事情就是确定 HAZOP 分析会议的进度安排，即 HAZOP 分析会议的起始时间和工作日程安排。

此外，在 HAZOP 分析会议前，对 HAZOP 分析团队的人员应进行 HAZOP 分析培训，使 HAZOP 分析团队所有成员具备开展 HAZOP 分析的基本知识，以便高效地参与 HAZOP 分析。

四、HAZOP 分析会议注意事项

为了保证 HAZOP 分析的顺利进行，在 HAZOP 分析会议开始前，特别是第一天，HAZOP 分析主席和记录员一般会稍早到会议室进行一些准备工作，如检查所需的资料是否齐全、悬挂图纸等。

所有参会人员都应准时到会。在会议进行过程中不能“开小会”，不要窃窃私语，所表达的观点应清晰传递给所有参会人员。所有参会人员应在主席的引导下进行讨论，不可以藐视主席的权威和指示。

应该预先计划每个分析节点平均需要的时间，例如：每个节点 2 ～ 3h。建议每天会议时间 4 ～ 6h，并且每隔 1 ～ 1.5h 休息 10min。对于大型装置或工艺过程，可以考虑组成多个分析组同时进行。

会议过程中应关闭手机或将手机设为振动模式。

一般来讲，在进行 HAZOP 分析第一天的开始，HAZOP 分析主席应对参会人员进行一个简短的培训，介绍 HAZOP 分析的程序和注意事项。

【任务实施】

通过任务学习，完成制订 HAZOP 分析计划（工作任务单 5-1）。

要求：1. 按授课教师规定的人数，分成若干个小组（每组 5 ～ 7 人）。

2. 完成后，以小组为单位向全体分享。

3. 时间在 30min 内，成绩在 90 分以上。

工作任务一　制订 HAZOP 分析计划　编号：5-1		
考查内容：制订 HAZOP 分析计划		
姓名：	学号：	成绩：
1. 选择题 （1）在进行 HAZOP 分析前，由（　　）负责制订 HAZOP 分析计划。 A. 项目委托方　B. 操作专家　C. HAZOP 分析主席　D. 记录员		

续表

（2）（多选）HAZOP 分析计划主要包括（　　）内容。 A. 分析目标和范围　　B. 分析成员的名单　　C. 详细的技术资料 D. 参考资料的清单　　E. 安排 HAZOP 分析会议地点　　F. 要求的记录形式 （3）在进行 HAZOP 分析准备时，其中一项重要事情就是确定 HAZOP 分析会议的进度安排，即（　　）。 A. HAZOP 分析会议的起始时间安排　　B. HAZOP 分析会议的会场安排 C. HAZOP 分析会议的起始时间和工作日程安排 2. HAZOP 分析会场及条件准备一般包括哪些内容? 3. 在 HAZOP 分析会议前，为什么需要对 HAZOP 分析团队的人员进行 HAZOP 分析培训? 4. 根据制订 HAZOP 分析计划内容学习，完成下列判断题。 （1）HAZOP 分析是一项非常耗费精力的工作，会议期间不能安排休息时间。（　　） （2）在 HAZOP 分析的计划阶段，HAZOP 分析记录员应提出要使用的引导词的初始清单。（　　）

【任务反馈】

简要说明本次任务的收获、感悟或疑问等。

1 我的收获
2 我的感悟
3 我的疑问

任务二 收集 HAZOP 分析需要的技术资料

任务目标	1. 熟悉 HAZOP 分析需要的技术资料 2. 能对 HAZOP 分析所需图纸进行识读
任务描述	通过对本任务的学习，知晓 HAZOP 分析所需的技术资料，并能识读图纸

【相关知识】

一、HAZOP 分析需要的技术资料

一旦决定进行 HAZOP 分析，能否按时进行 HAZOP 分析主要取决于 HAZOP 分析所需的技术资料的准备程度。一般来讲，进行 HAZOP 分析需要以下技术资料。

❶ 项目或工艺装置的设计基础。主要包括装置的原辅材料、产品、工艺技术路线、装置生产能力和操作弹性、公用工程、自然条件、上下游装置之间的关系等方面的信息以及设计所采用的技术标准及规范。

❷ 工艺描述。工艺描述是对工艺过程本身的描述，一般是根据原料加工的顺序和操作工况进行表述。工艺描述是工艺装置的核心技术文件之一。工艺描述从工艺包阶段就已经生成。对于在役装置的 HAZOP 分析，由于工艺装置可能进行过改扩建或变更，因此能够获得完整、准确的工艺描述尤为重要。

❸ 管道和仪表流程图（P&ID）。在设计阶段，工艺专业会产生几个版次的 P&ID。在基础设计阶段有内部审查版（A 版）、提出条件版（B 版）、供业主审查版（0 版），详细工程设计阶段有 1、2、3 版。主流程的 HAZOP 分析一般在基础设计阶段进行，P&ID 的深度应该接近 0 版，一般项目组会单独出一版供 HAZOP 分析的 P&ID。成套设备的 HAZOP 分析一般在详细工程设计阶段进行，P&ID 应该包含所有的设备和管线信息及控制回路。对于在役装置的 HAZOP 分析，应该获得含有变更信息的最新 P&ID。

❹ 以前的危险源辨识或安全分析报告。在基础设计阶段进行 HAZOP 分析时，要检查工艺包阶段的危险源辨识或安全分析报告是否有需要在基础设计阶段落实的建议或措施。在开展详细设计阶段的 HAZOP 分析时，分析团队首先要检查基础设计阶段的安全分析报告（如 HAZOP 分析报告）是否有需要在详细设计阶段落实的建议和措施。在进行在役装置 HAZOP 分析时，要回顾设计阶段完成的 HAZOP 分析报告。

❺ 物料和热量平衡。物料平衡反映了工艺过程原料和产品的消耗量、比例、相态和操作条件。工程设计都是以物料平衡和热量平衡为基础开展的。在设计阶段，只要工艺路线和规模没有发生变化，物料和热量平衡就是不变的。

❻ 联锁逻辑图或因果关系表。这里主要指安全仪表系统的逻辑图和因果关

系表。通过这些资料，HAZOP 分析团队可以理解联锁启动的原因和执行的动作，也可以了解联锁系统的配置。

❼ 全厂总图。全厂总图体现了工艺装置单元辅助设施的相对关系和位置。

❽ 设备布置图。在平面图上显示了所有设备的位置和相对关系。

❾ 化学品安全技术说明书（MSDS）。MSDS 含有物料的物理性质和化学性质，是进行工艺设计和工程设计的重要过程安全信息。在 HAZOP 分析过程中，往往会查询相关物料的 MSDS。

❿ 设备数据表。设备数据表包含了公共设备的操作条件、设计条件、管口尺寸、设备等级等各种信息。

⓫ 安全阀泄放工况数据表。数据表包含了安全阀、爆破片等安全泄放设施的设计工况和有关工艺数据。

⓬ 工艺特点。即使是生产同一种产品的工艺装置，不同专利商的工艺技术可能有自己的工艺特点，因此要注意获得这方面的资料。HAZOP 分析团队要特别注意这一点，避免犯经验主义或低估某些过程安全风险。

⓭ 管道材料等级规定。规定了各种温压组合工况对材料的选择要求。

⓮ 管线规格表。包含管线的操作条件、设计条件、材质和保温方面的信息。

⓯ 操作规程和维护要求。新装置可以参考已有装置，对在役装置进行 HAZOP 分析时，应获得有效版本的操作规程。

⓰ 紧急停车方案。

⓱ 控制方案和安全仪表系统说明。

⓲ 设备规格书。含有材质、设计温度 / 压力、大小 / 能力的有关信息。

⓳ 评价机构及政府部门安全要求。如《建设项目安全设立评价报告》和《职业卫生预评价报告》提出的建议措施。

⓴ 类似工艺的有关过程安全方面的事故报告。对于在役装置，要特别注意搜集本装置曾经发生过的事故和未遂事件。在设计过程中也应该吸取以前的或类似装置的事故教训以避免类似的事故再次发生。

以上技术资料在 HAZOP 分析中有的是必需的，有的是起参考作用的，这取决于 HAZOP 分析所涉及的问题类型和要求的深度。可能还有其他没有列入的技术资料，例如：当 HAZOP 分析中涉及某些标准或规范时，还需要仔细了解，以便正确地引用。

收集 HAZOP 分析需要的技术资料时，应确保分析使用的资料是最新版的资料，资料应准确可靠。因为 HAZOP 分析的准确度取决于可用的技术资料与数据，这些资料与数据能准确表达所要分析的环境和相关装置。不正确的技术资料将导致不准确的结果。例如，如果北欧海上设施失效数据被用于东南亚海上设施的 HAZOP 分析，由于大气和水温不同，人的反应和设备性能也不同，那么，HAZOP 分析结果的可靠性将降低。因此，不能直接把一方面的信息数据应用于另一方面。

当所有的资料准备好时，就可以开始 HAZOP 分析。如果资料不够，会造成 HAZOP 分析进度拖延，同时不可避免地影响 HAZOP 分析结果的可信性。HAZOP 分析主席或协调者必须确保所有的资料文件在开始 HAZOP 分析之前一周准备好，所有的文件需经过校核，并具备进行 HAZOP 分析的条件。一般采用 A0 图纸作为 HAZOP 分析记录版，A3 图纸可供 HAZOP 分析团队中的其他成员使用。

二、HAZOP 分析所需图纸

管道仪表流程图用于描述化工装置的工艺流程、设备规格、设计参数、仪表及控制回路等重要信息。HAZOP 分析需要在管道仪表流程图上划分节点，因此，读懂管道仪表流程图并能通过它理解工艺系统设计意图，是完成 HAZOP 分析必备的基本技能。

HAZOP 分析是由多名专业人员组成的团队通过集体“头脑风暴”的方式识别和评估工艺危险和操作性问题的技术活动，是工艺设计装置操作、工艺信险评估知识和经验的综合应用。作为每一位参与 HAZOP 分析的人员，必须获得全过程使用的图纸资料。HAZOP 分析需要借助管道仪表流程图、工艺设计说明书、物料和能量平衡表、联锁逻辑说明或因果关系表、工艺操作规程等大量工艺技术资料。尤其是管道仪表流程图，是 HAZOP 分析的主要技术依据。因为管道仪表流程图能够全面反映仪表控制、设计参数、设备和配管等工艺系统设计信息，所以看懂管道仪表流程图并从中理解设计意图和操作要点是一项基本的技能。

1. 管道仪表流程图基本知识

管道仪表流程图也称为 P&ID 或带控制点的流程图，通常分为工艺管道仪表流程图（PP&ID）和公用物料管道仪表流程图（UP&ID）两类。管道仪表流程图反映了全部设备、仪表、控制联锁方案、管道阀门和管件，还包含开停车管道特殊的操作和要求、安装要求、布置要求、安全要求等所有与工艺过程相关的信息。

管道仪表流程图不仅是工厂安装设计和操作运行的基础，也是实施 HAZOP 分析不可或缺的基础资料。

管道仪表流程图上标注的设备信息包括设备名称和位号、成套设备、设备规格、接管与连接方式、设备标高驱动装置、放条件和放设施等。

管道仪表流程图上标注的配管信息包括管道规格、开车/停车管道、阀门及状态（如"铅封开 CSO""铅封闭 CSC""锁开 LO""锁闭 LC"等）管道的压力等级、管道内物料的相态、管道伴热、管道放空口和放净口取样点等。

管道仪表流程图上标注的仪表和仪表配管信息通常包括在线仪表控制阀、安全阀、设备附带仪表、联锁和信号等。为了获得准确的自动控制方案和联锁设计信息还需要查看联锁逻辑框图或因果关系表等资料。

为了确保管道仪表流程图的完整性系统性，特别是可操作性和安全性业界已经普遍把 HAZOP 分析视作对管道仪表流程图的一种审核方法。

2. 管道仪表流程图基本单元

描述化工工艺过程信息的管道仪表流程图虽然千变万化，但就普遍性而言，均是由各种基本单元模式组成的。这些基本单元模式是在总结了国内外工程设计经验的基础上形成的，其明确规定了每一基本单元模式的管道设计、仪表控制设计设备基本单元模式等设计要点。《管道仪表流程图设计规定》（HG 20559—1993）的附录"管道仪表流程图基本单元模式"收集了管道分界基本单元模式泵基本单元模式、真空泵基本单元模式、化工工艺压缩机基本单元模式、蒸馏塔系统设备基本单元模式、储罐基本单元模式等 19 项基本单元模式。

理解和掌握管道仪表流程图各基本单元的设计要点：一是有利于 HAZOP 分析人员清楚各典型基本工艺单元设计的管道设计要求、仪表控制设计要求安全设施配置要求等；二是便于 HAZOP 分析人员能够将复杂工艺系统进行"模块化"分割准确判断从基本单元模式"局部"到整套工艺系统流程"全局"的设计意图，或者在发现被分析工艺系统的某个基本单元与典型基本单元设计存在差异之后，有针对性地设计提问以引发集体讨论以期查明产生此类差异的原因，或者论证设计人员"独特"做法和意图的可行性，达到发现问题、改进设计的目标。

3. 仪表控制回路

仪表控制回路由检测元件、逻辑控制器和执行元件构成。检测元件是测量工艺条件（温度、压力、流量、液位等）的设施或设施的组合，例如：变送器、传感器、过程开关、限位开关等。逻辑控制器接收来自检测元件的信号，并执行预先设定的行动，以使工艺过程达到安全状态。行动通常是发送一个信号到最终执行元件，执行元件单元从逻辑控制器接收到触发信号后执行特定的物理功能，例如：控制阀门开度、切断电源等，使系统恢复到正常状态。

常见的仪表控制回路类型主要包括单参数控制系统、串级控制系统、均匀控制系统、单闭环比值控制系统、双闭环比值控制系统、前馈反馈控制系统和选择性控制系统等。

由仪表控制回路构成的化工工艺控制系统多采用单输入、单输出的单回路反馈控制系统。这种控制系统仅考虑生产过程中某一个单一变量的变化，通过调节一个操作变量使过程变量达到预先设定的稳定值。而对那些复杂的工艺系统，影响某个过程变量改变的干扰不止一个，欲保持过程变量稳定则需要调节多个操作变量。这类工艺系统需要多输入、多输出的复杂控制系统。

4. 注意事项

必须注意确保 HAZOP 分析使用的管道仪表流程图是最新的、准确的。在工程设计中的基础设计阶段和详细工程设计阶段的管道仪表流程图会分为多个版次，因此工程设计阶段的 HAZOP 分析应注意识别并记录管道仪表流程图的版次，对已经投入运行多年的在役装置，可能已经发生若干设备改造、原料更换、工艺路线调整等变更，加之可能工艺安全信息管理滞后，没有及时更新管道仪表流程图，因此对在役装置的 HAZOP 分析一定要注意核实图纸和现场条件的一致性。

三、HAZOP 分析会议资料和信息审查

在 HAZOP 分析会议开始几天前，HAZOP 分析主席和记录员应该对准备的资料进行检查，看是否能满足 HAZOP 分析要求。最重要的就是检查 P&ID 图纸的版次、深度及完善程度。

在 HAZOP 分析开始时，团队成员会对已有的资料进行一些讨论，互相交流一些信息。对于很多国际公司来讲，HAZOP 分析只是他们众多安全管理的一项要求或工作，在 HAZOP 分析之前，很有可能已经开展过其他安全分析工作并有相应的分析报告。那么，HAZOP 分析团队要在 HAZOP 分析开始前和分析过程中审查这些报告，重点检查安全报告内是否有需要在当前设计阶段落实的建议和措施。

【任务实施】

通过任务学习，收集 HAZOP 分析需要的技术资料（工作任务单 5-2）。

要求：1. 按授课教师规定的人数，分成若干个小组（每组 5 ～ 7 人）。

2. 完成后，以小组为单位向全体分享。

3. 时间在 30min 内，成绩在 90 分以上。

工作任务二　收集 HAZOP 分析需要的技术资料　编号：5-2		
考查内容：收集 HAZOP 分析需要的技术资料		
姓名：	学号：	成绩：

1. 选择题

（1）HAZOP 分析所需的基本资料中不包括（　　）。

A. 计算机程序　B. 逻辑图　C. 流程图　D. 作业人员资历证书

（2）下面选项中（　　）不是危险和可操作性（HAZOP）分析通常所需的资料。

A. 带控制点工艺流程图 P&ID　B. 现有流程图 PFD、装置布置图

C. 操作规程　D. 设备维修手册

2. 根据 HAZOP 分析需要的技术资料内容学习，完成下列判断题。

（1）工艺管道及仪表流程图是 HAZOP 分析是最重要的资料之一。（　　）

（2）进行 HAZOP 分析必须要有工艺过程流程图及工艺过程详细资料。正常情况下，只有在最后设计的阶段才能提供上述资料。（　　）

【任务反馈】

简要说明本次任务的收获、感悟或疑问等。

1　我的收获

2　我的感悟

3　我的疑问

【项目综合评价】

<table>
<tr><td>姓名</td><td></td><td>学号</td><td></td><td>班级</td><td></td></tr>
<tr><td>组别</td><td></td><td>组长及成员</td><td colspan="3"></td></tr>
<tr><td colspan="6">项目成绩：　　　　　　总成绩：</td></tr>
<tr><td>任务</td><td colspan="2">任务一</td><td colspan="3">任务二</td></tr>
<tr><td>成绩</td><td colspan="2"></td><td colspan="3"></td></tr>
<tr><td colspan="6">自我评价</td></tr>
<tr><td>维度</td><td colspan="4">自我评价内容</td><td>评分</td></tr>
<tr><td rowspan="4">知识</td><td colspan="4">1. 熟悉制订 HAZOP 分析计划的主要内容（10 分）</td><td></td></tr>
<tr><td colspan="4">2. 了解 HAZOP 分析会议准备注意事项（10 分）</td><td></td></tr>
<tr><td colspan="4">3. 知晓 HAZOP 分析主席在制订 HAZOP 分析计划工作中的主要职责（10 分）</td><td></td></tr>
<tr><td colspan="4">4. 了解准备 HAZOP 分析所需资料及其资料在 HAZOP 分析中的作用（10 分）</td><td></td></tr>
<tr><td rowspan="4">能力</td><td colspan="4">1. 能够制订 HAZOP 分析计划（10 分）</td><td></td></tr>
<tr><td colspan="4">2. 能够完成 HAZOP 分析会场及条件准备工作（10 分）</td><td></td></tr>
<tr><td colspan="4">3. 能够准备 HAZOP 分析所需技术资料（10 分）</td><td></td></tr>
<tr><td colspan="4">4. 能够识读 HAZOP 分析所需的图纸（10 分）</td><td></td></tr>
<tr><td rowspan="2">素质</td><td colspan="4">1. 通过熟悉 HAZOP 分析需要的技术资料，知晓 HAZOP 分析技术资料的重要性（10 分）</td><td></td></tr>
<tr><td colspan="4">2. 通过学习 HAZOP 分析图纸，增强识读工艺流程图的能力（10 分）</td><td></td></tr>
<tr><td colspan="5">总分</td><td></td></tr>
<tr><td rowspan="4">我的反思</td><td>我的收获</td><td colspan="4"></td></tr>
<tr><td>我遇到的问题</td><td colspan="4"></td></tr>
<tr><td>我最感兴趣的部分</td><td colspan="4"></td></tr>
<tr><td>其他</td><td colspan="4"></td></tr>
</table>

项目六

HAZOP 分析

【学习目标】

知识目标

1. 了解 HAZOP 分析基本步骤；
2. 了解 HAZOP 分析节点划分方法及要求；
3. 了解设计意图描述要求；
4. 了解偏离的组成部分；
5. 了解后果类别及后果识别要求；
6. 了解原因类别及原因识别要求；
7. 了解安全措施类型并识别出离心泵单元现有保护措施；
8. 了解风险矩阵相关内容；
9. 了解建议措施的提出要求。

能力目标

1. 能够清晰描述出 HAZOP 分析步骤；
2. 能够结合 HAZOP 分析培训软件，完成每个偏离事故剧情的分析。

素质目标

1. 通过学习，使学生能识别工艺系统存在的危险，增强化工安全意识；
2. 通过学习，使学生建立危害辨识与风险管控的思维。

【项目导言】

HAZOP分析是一种被广泛应用的定性的工艺危险分析方法，是一个正式的、有组织的工作过程。在这个过程中，由经验丰富的多专业人员（包括工艺、设备、仪表、维修和安全管理人员）和专业学者等组成的分析小组以引导词结合工艺参数的方式，系统全面地逐一研究每一个单元（即分析节点），分析由于工艺偏差导致的危险和可操作性问题。

本项目基于离心泵单元装置，介绍HAZOP分析步骤及事故剧情分析流程，帮助学生建立起对于HAZOP分析方法的认知，增强岗位安全意识和危险辨识能力，以满足企业用人需求，填补HAZOP应用人才缺口。

【项目实施】

任务安排列表

任务名称	总体要求	工作任务单	建议课时
任务一 HAZOP分析基本步骤确定	通过该任务学习，了解“参数优先”顺序的HAZOP分析基本步骤	6-1	1
任务二 HAZOP分析节点划分	通过该任务学习，了解节点划分方法及要求	6-2	1
任务三 HAZOP分析设计意图描述	通过该任务学习，了解设计意图描述要求	6-3	1
任务四 HAZOP分析偏离确定	通过该任务学习，了解偏离的组成部分，熟悉离心泵装置单元确定的有意义的偏离	6-4	1
任务五 HAZOP分析后果识别	通过该任务学习，了解后果类别及后果识别要求，掌握离心泵装置单元各偏离导致的事故后果	6-5	1
任务六 HAZOP分析原因识别	通过该任务学习，了解原因类别及原因识别要求，掌握离心泵装置单元各偏离导致的原因	6-6	1
任务七 HAZOP分析现有安全措施识别	通过该任务学习，了解安全措施类型，并识别出离心泵单元现有保护措施	6-7	1
任务八 HAZOP分析风险等级评估	通过该任务学习，了解风险矩阵，并评估离心泵单元各事故剧情的风险等级	6-8	1
任务九 HAZOP分析建议措施提出	通过该任务学习，了解建议措施的提出要求	6-9	1

任务一 HAZOP 分析基本步骤确定

任务目标	1. 了解 HAZOP 分析特征 2. 了解“参数优先”顺序的 HAZOP 分析基本步骤
任务描述	根据 HAZOP 分析特征，能够熟悉以“参数优先”顺序的 HAZOP 分析基本步骤

【相关知识】

一、HAZOP 分析特征

开展工艺危险分析的方法有很多，HAZOP 分析是其中之一。与其他分析方法相比较，HAZOP 分析方法的独特性使之获得了广泛应用。

HAZOP 分析的主要特征包括：

❶ HAZOP 分析是一个创造性过程，通过应用一系列引导词来系统地辨识各种潜在的偏差，对确认的偏差，激励 HAZOP 小组成员思考该偏差发生的原因以及可能产生的后果。

❷ HAZOP 分析是在一位训练有素、富有经验的 HAZOP 分析主席引导下进行的，HAZOP 分析主席需通过逻辑分析思维确保对系统进行全面的分析。HAZOP 分析主席宜配有一名记录员，记录识别出来的各种危险和(或)操作扰动，以备进一步评估和决策。

❸ HAZOP 分析小组由多专业的专家组成，他们具备合适的技能和经验，有较好的直觉和判断能力。

❹ HAZOP 分析应在积极思考和坦率讨论的氛围中进行。当识别出一个问题时，应做好记录，以便后续的评估和决策。

❺ 对识别出的问题提出解决方案并不是 HAZOP 分析的主要目标，但是一旦提出解决方案，应做好记录供设计人员参考。

二、HAZOP 分析基本步骤

【讲解视频】
分析流程

HAZOP 分析目前较普遍的做法是先将工艺系统分解成不同的子系统，即所谓的“节点”。对于每一个节点，参考一系列引导词，通过偏离识别可能的事故剧情，评估各个事故剧情当前的风险，必要时提出建议措施。

HAZOP 分析的优势源自规范化的逐步分析过程。HAZOP 分析顺序有两种："参数优先"和"引导词优先"。一般采用"参数优先"顺序，如图 6-1 所示，具体描述如下：

❶ 概述分析计划。在 HAZOP 分析开始时，HAZOP 分析主席确保分析成员熟悉所要分析的过程系统以及分析的目标和范围。

❷ 划分节点。HAZOP 分析主席在会议开始之前划分好节点，并选择某一节点作为分析起点，并做出标记。

❸ 描述设计意图。由工艺工程师或设计工程师解释该节点的设计意图，确定相关参数或要素。

❹ 产生偏离。HAZOP 分析主席选择其中一个参数或要素，确定使用哪些引导词，并选定其中的一个引导词与选定的参数相结合，产生一个有意义的偏离。

❺ 分析结果。在不考虑现有安全保护措施的情况下，HAZOP 分析团队在 HAZOP 分析主席的引导下，识别出该偏离所能导致的所有不利后果。

❻ 分析原因。HAZOP 分析团队在主席的引导下，在该节点以及该节点的上下游分析识别出能够导致该偏离的所有原因。

❼ 确定安全保护措施。HAZOP 分析团队应识别系统设计中对每种后果现有的保护、检测和显示装置（措施），这些保护措施可能包含在当前节点，或者是其他节点设计意图的一部分。

❽ 确定每个后果的严重性和可能性。在考虑安全保护措施的情况下，根据风险矩阵确定该后果的风险等级。

❾ 提出建议措施。如果该后果的风险等级超出企业能够承受的风险等级，HAZOP 分析团队就必须提出降低风险的建议措施，使风险降至可接受的程度。

❿ 记录。记录员对所有的偏离、偏离的根本原因和不利后果、保护措施、风险等级都要做详细记录。HAZOP 分析主席应对记录员记录的文档结果进行总结。当需要进行相关后续跟踪工作时，也应记录完成该工作的负责人的姓名。

⓫ 依次将其他引导词和该参数相结合产生有意义的偏离，重复步骤❺～❿，直到分析完所有引导词。

⓬ 依次分析该节点的所有参数的偏离，重复步骤❹～⓫，直到分析完该

节点的所有参数。

⑬ 依次分析完成所有节点，重复步骤 ❷ ～ ⑫，直到分析完所有节点。

在进行 HAZOP 分析时，无论如何要确保不漏掉对所有设计意图偏离的分析。

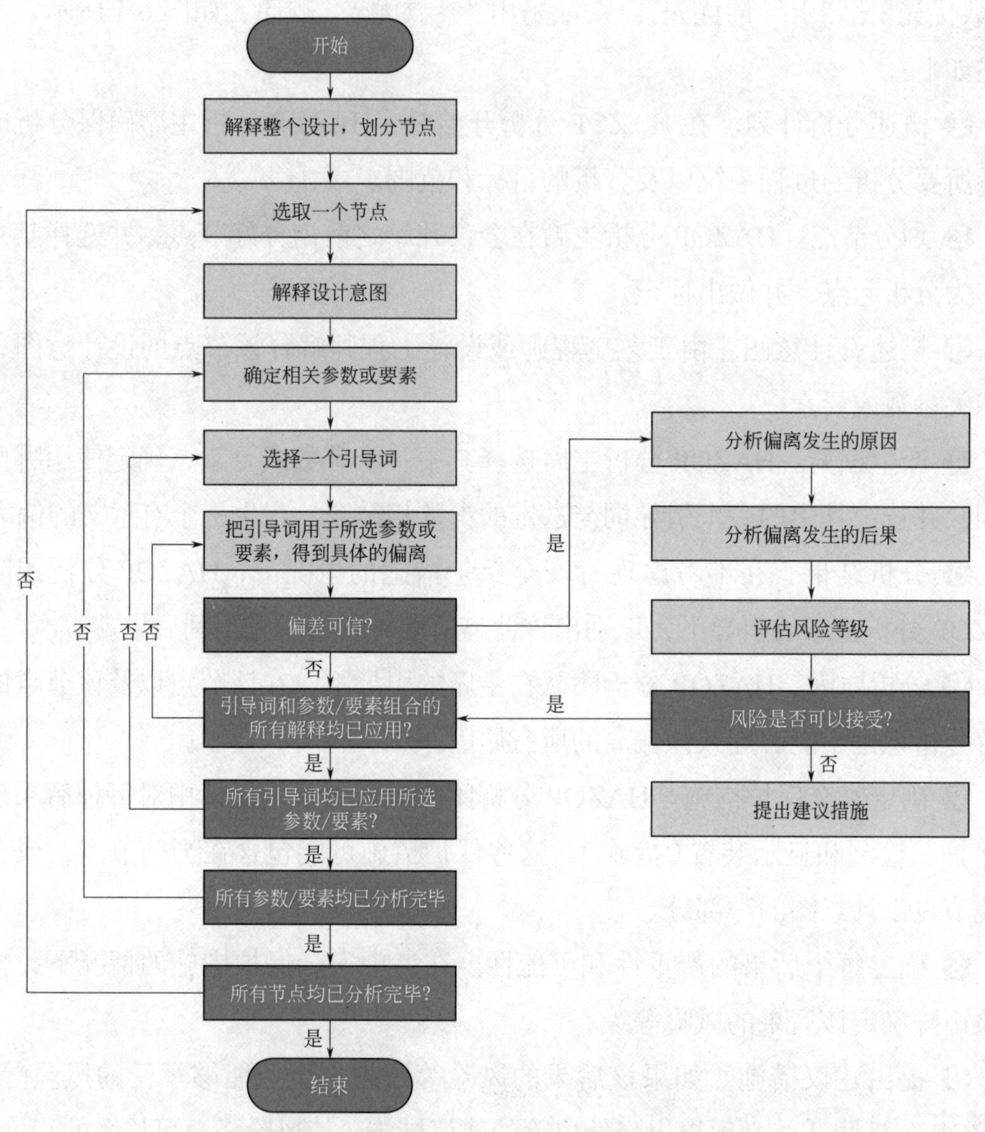

图 6-1 HAZOP 分析基本步骤——“参数优先”顺序

【任务实施】

学生将通过该任务，了解“参数优先”顺序的 HAZOP 分析基本步骤（工作任务单 6-1）。

要求：1. 按授课教师规定的人数，分成若干个小组（每组 5 ～ 7 人）。

2. 完成后，以小组为单位向全体分享。

3. 时间在 30min 内，成绩在 90 分以上。

工作任务一 **HAZOP 分析基本步骤确定** 编号：**6-1**		
考查内容：“参数优先”顺序的 **HAZOP** 分析基本步骤		
姓名：	学号：	成绩：

1. 请依据提示框补全“参数优先”顺序的 HAZOP 分析基本步骤图。

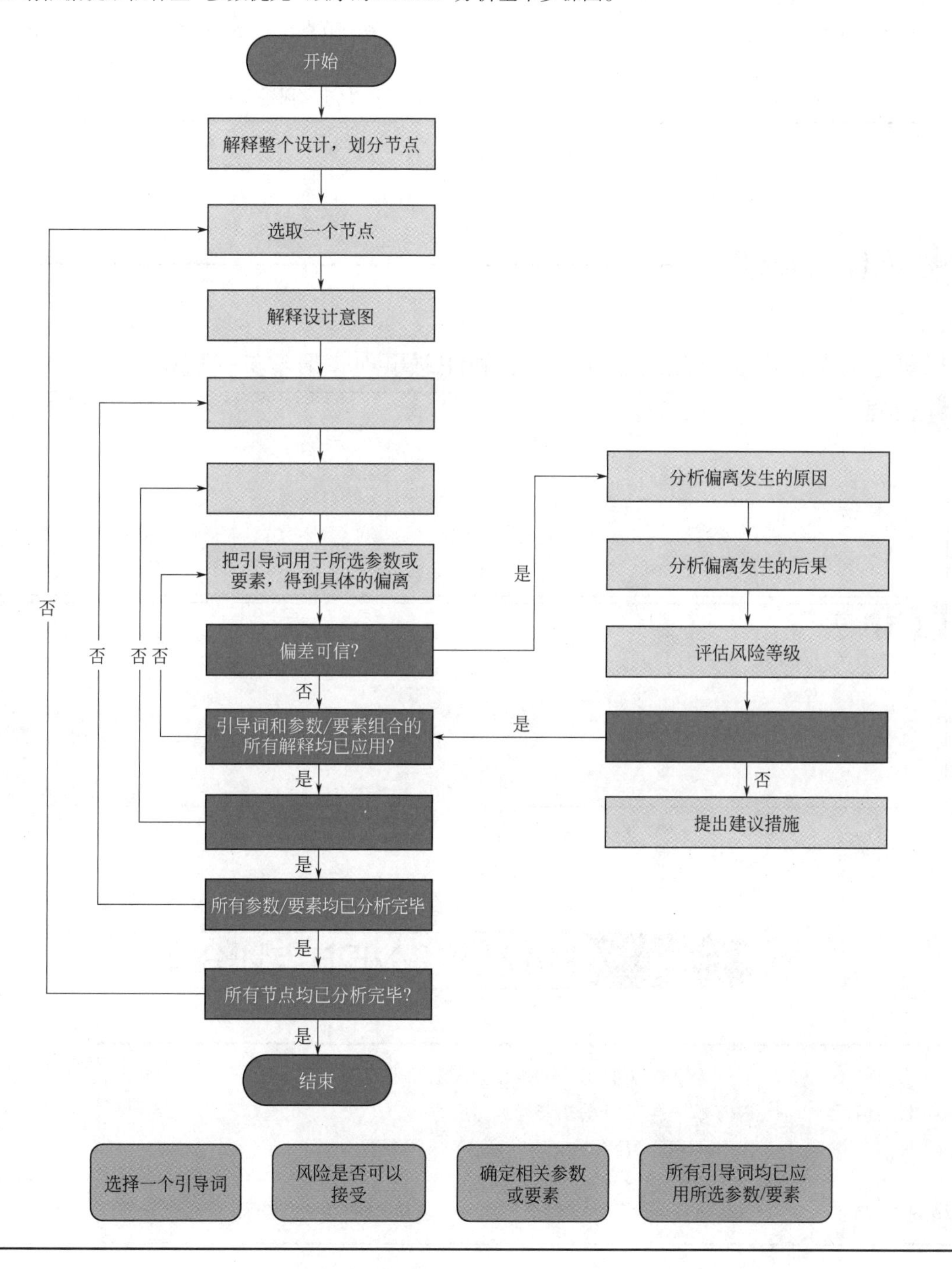

2. 完成下列判断题。

（1）HAZOP 分析小组由多专业的专家组成，他们必须具备合适的技能和经验，有较好的直觉和判断能力。（　　）

（2）对识别出的问题提出解决方案是 HAZOP 分析的主要目标，针对提出的解决方案，应做好记录供设计人员参考。（　　）

（3）如果该后果的风险等级超出企业能够承受的风险等级，HAZOP 分析团队就必须提出降低风险的建议措施，使风险降至可接受的程度。（　　）

（4）HAZOP 分析主席在会议开始之前划分好节点，并选择某一节点作为分析起点即可，不需要做出标记。（　　）

（5）记录员对所有的偏离、偏离的根本原因和不利后果、保护措施、风险等级都要做详细记录。（　　）

【任务反馈】

以班组为单位汇总出此次任务的要点和注意事项，请学员代表阐述、分享。

1 要点

2 注意事项

任务二 HAZOP 分析节点划分

任务目标	1. 了解 HAZOP 分析节点划分方法 2. 了解 HAZOP 分析节点划分原则 3. 掌握离心泵装置单元节点划分
任务描述	通过该任务学习，了解节点划分方法及要求，掌握离心泵装置单元节点划分

【相关知识】

一、HAZOP 分析节点划分方法

在开展 IIAZOP 分析时，通常将复杂的工艺系统分解成若干“子系统”，每个子系统称作一个“节点”。

HAZOP 节点的划分，首先取决于工艺本身的操作要求、功能变化、系统的复杂程度和危险的严重程度。复杂或高危险系统可分成较小的节点，简单或低危险系统可分成较大的节点，节点不要过大或一直过小。如果划分的范围太大，分析团队有可能陷入困境，无法深入讨论，容易漏掉某些偏离的分析；如果划分的范围太小，则可能使 HAZOP 分析变得十分冗长。HAZOP 节点的划分还需要根据 HAZOP 分析主席和 HAZOP 团队小组的习惯和能力来决定。经验不足的 HAZOP 分析主席最好把节点划分得小一些，这样不容易遗漏对所有设计意图偏离的分析。不同的划分方法会直接导致 HAZOP 分析中遗漏的程度，也会影响 HAZOP 分析的效率。

对于连续的工艺操作过程，HAZOP 分析节点可能为工艺单元。分析节点划分时主要考虑设计意图的变化、过程化学品状态的变化、过程参数的变化、单元的目的与功能、单元的物料、合理的隔离 / 切断点、划分方法的一致性等因素。而对于间歇操作过程来说，HAZOP 分析节点可能为操作步骤。

HAZOP 分析节点的划分通常按照工艺流程的自然顺序进行，从进入 P&ID 的管线开始，继续直至设计意图的改变，或继续直至工艺条件的改变，或继续直至下一个设备。上述状况的改变作为一个节点的结束，另一个节点的开始。常见节点类型见表 6-1。

表 6-1　常见节点类型

序号	部分节点类型
1	管线
2	泵
3	间歇反应器
4	连续反应器
5	罐 / 槽 / 容器
6	塔

续表

序号	部分节点类型
7	压缩机
8	鼓风机
9	炉子
10	热交换器
11	软管
12	步骤
13	作业详细分析
14	公用工程
15	其他
16	以上基本节点的合理组合

二、HAZOP 分析节点划分原则

❶ 所有设备、管线都要划到节点内。有时为了突出主流程，可只描主工艺管线。

❷ 同一台设备要划在同一节点内，管线除外。

❸ 同一条管道不要划归两个节点，别划断。

❹ 如果需要将一个节点分成多个节点进行分析，则应立即分解该节点。

❺ 区分连续操作、间歇操作和半间歇操作，不同操作方式的工艺单元或操作不要划分在同一节点内。

❻ 划分节点后，可用不同的颜色在 P&ID 图上加以区别。

三、离心泵装置单元节点划分

离心泵单元工艺简述：从上游装置来的物料油品（甲醇），进入原料缓冲罐 V-101，罐内液体由泵 P-101A/B 抽出，输送到下游装置。离心泵单元 P&ID 如图 6-2 所示。

工艺操作有：上游装置输送物料，物料存储，物料送至下游装置。关键设备有缓冲罐、离心泵。

通过描图法将离心泵单元节点划分为 2 个节点，如图 6-3 所示。第一个节点为从上游装置来的油品（甲醇），到原料缓冲罐 V-101 之间的管道，包括原料缓冲罐 V-101、氮封管线、放空管线、甲醇进料泵 P101 返回管线、甲醇排放管线；第二个节点为罐内甲醇由泵 P-101A/B 抽出，输送到下游装置，包括离心泵 P-101A/B、甲醇输送管线。

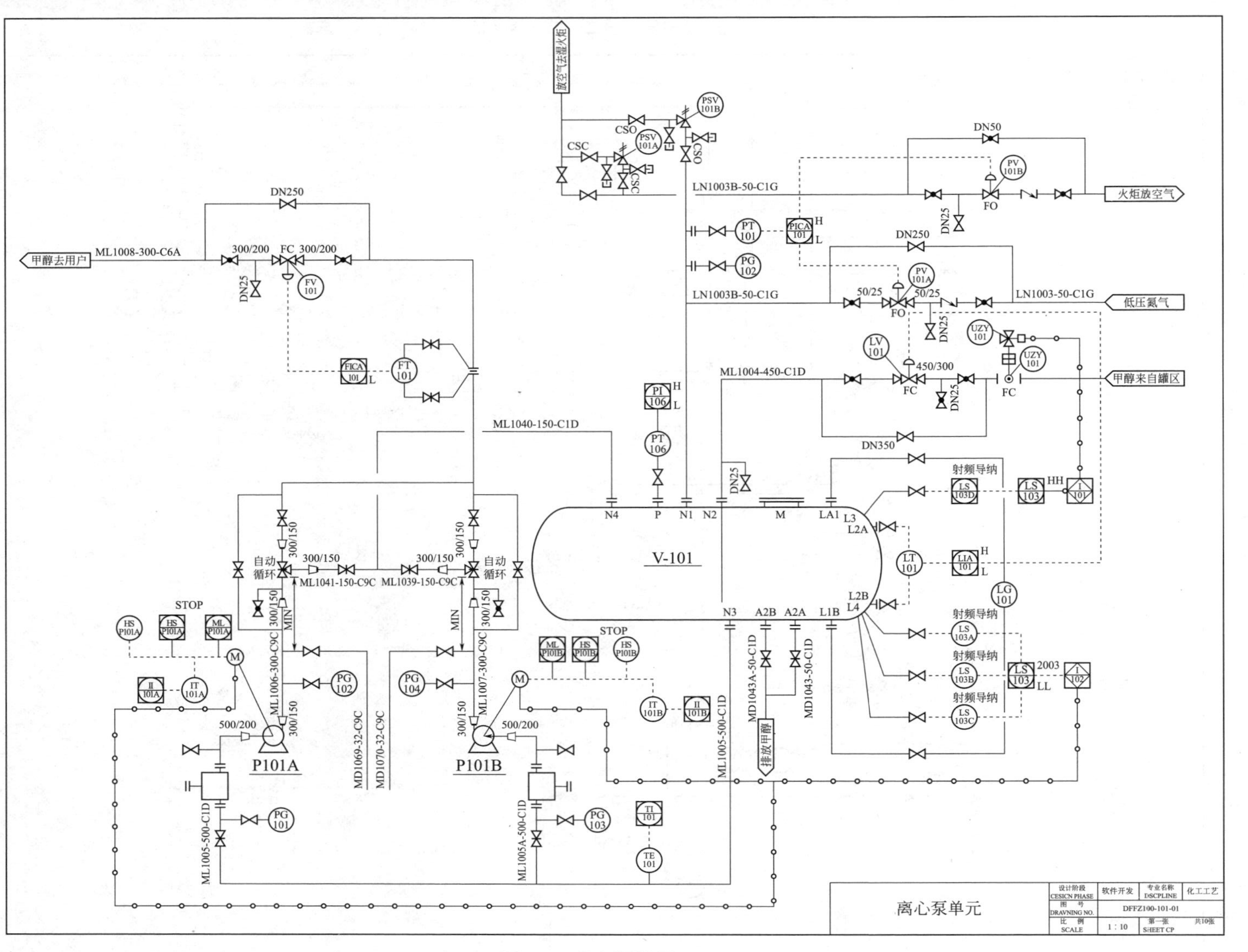

图 6-2 离心泵单元 P&ID

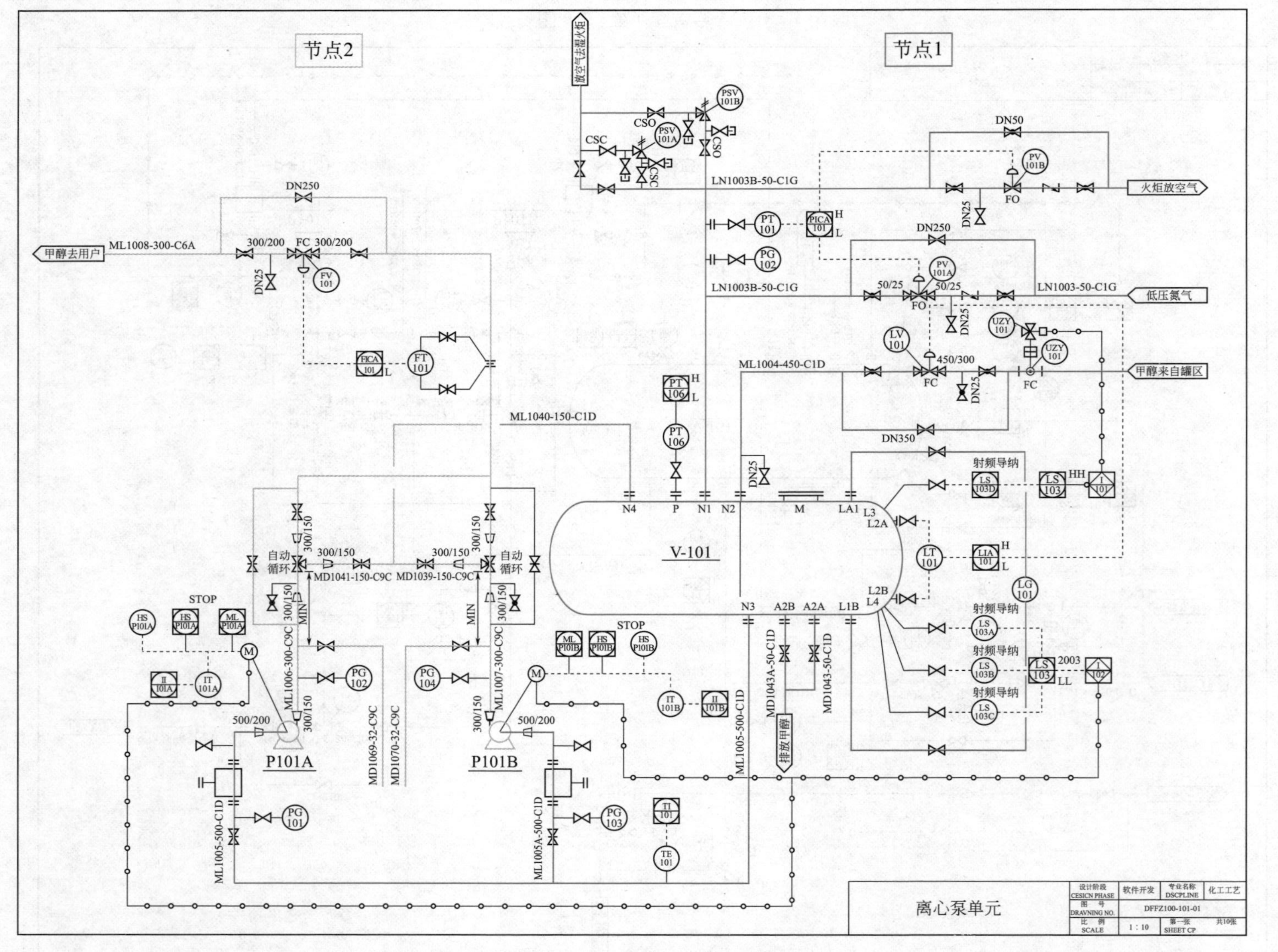

图 6-3　离心泵单元节点划分

【任务实施】

学生将通过该任务，掌握节点的定义、划分节点的方法及原则（工作任务单6-2）。

要求：1. 按授课教师规定的人数，分成若干个小组（每组5～7人）。

2. 完成后，以小组为单位向全体分享。

3. 时间在30min内，成绩在90分以上。

工作任务二　HAZOP分析节点划分　编号：6-2		
考查内容：节点划分方法		
姓名：	学号：	成绩：

1. 请依据提示框补全下列表述。

（1）在开展HAZOP分析时，通常将复杂的工艺系统分解成若干（　　），每个（　　）称作一个“节点”。

（2）复杂或高危险系统可分成（　　）的节点，简单或低危险系统可分成（　　）的节点。

（3）对于连续的工艺操作过程，HAZOP分析节点可能为（　　）。

（4）对于间歇操作过程来说，HAZOP分析节点可能为（　　）。

（5）HAZOP分析节点的划分通常按照工艺流程的自然顺序进行，从进（　　）开始，继续直至（　　）的改变，或继续直至（　　）的改变，或继续直至（　　）。上述状况的改变作为一个节点的结束，另一个节点的开始。

选项：【设计意图】【操作步骤】【较大】【子系统】【工艺条件】【较小】【P&ID管线】【下一个设备】【工艺单元】

2. 请完成下列判断题。

（1）所有设备、管线都要划到节点内。有时为了突出主流程，可只描主工艺管线。（　　）

（2）同一台设备要划在同一节点内，管线除外。（　　）

（3）同一条管道可以划归两个节点。（　　）

（4）如果需要将一个节点分成多个节点进行分析，则应立即分解该节点。（　　）

（5）要区分连续操作、间歇操作和半间歇操作，不同操作方式的工艺单元或操作可以划分在同一节点内。（　　）

（6）划分节点后，不需要用不同的颜色在P&ID图上进行区别。（　　）

【任务反馈】

依据离心泵单元P&ID图划分节点，并记录要点及注意事项，请学员代表进行阐述、分享。

1 要点

2 注意事项

任务三 HAZOP 分析设计意图描述

任务目标	1. 了解 HAZOP 分析设计意图描述要求 2. 描述离心泵装置单元各节点设计意图
任务描述	通过该任务了解设计意图描述要求，并描述出离心泵装置单元各节点设计意图

【相关知识】

一、HAZOP 分析设计意图描述要求

设计意图是 HAZOP 分析的基准，应尽可能准确、完整。对需分析的单元和划分的节点进行准确且全面的设计描述是完成 HAZOP 分析的先决条件。设计描述应充分描述所分析的系统及其组成部分和要素，并识别其特性。

HAZOP 分析是对系统与设计意图偏离的缜密查找过程。为了便于分析，在 HAZOP 分析过程中还要将系统划分成多个节点，并由工艺工程师或设计工程师充分说明各节点的设计意图。HAZOP 分析主席应确认设计意图的准确性和完整性，以便使 HAZOP 分析能够顺利进行。

节点的设计意图可通过各种参数和要素来表示，参数如压力、温度和电压等，要素包括所涉及的物料、正在开展的活动、所使用的设备等。例如：在化工系统中，“物料”要素可以进一步通过温度、压力和成分等参数定义；“运输活动”要素，可通过行驶速率或乘客数量等性质定义。

通常，多数设计文档中的设计意图局限于系统在正常运行条件下的基本功能和参数，而很少提及可能发生的非正常运行条件和不期望的现象（如：可能引起失效的强烈振动、管道内的水锤效应和电压浪涌等）。但是这些非正常条件和不期望的现象在分析期间都应予以识别和考虑。此外，在设计意图中，不会明确说明造成材料性能退化的退化机理（如老化、腐蚀和侵蚀等）。但是，在分析期间必须使用合适的引导词对这些因素进行辨识和考虑。预期的使用年限、可靠性、可维护性、维修保障以及维护期间可能遇到的危险，只要它们在 HAZOP 分析的范围之内，也应予以辨识和考虑。

有些情况下，可以用如下方式表示某一节点的设计意图：

❶ 物料的输入；

❷ 物料的处理；

❸ 产物的输出。

并可以用参数（温度、压力、流量、液位、组分等）的具体数值说明设计意图。

二、离心泵装置单元各节点设计意图描述

由任务二的学习可知，离心泵单元节点划分为 2 个节点。

节点 1 在设计意图描述方面需确认的内容包括：

❶ 物料甲醇输送进入原料缓冲罐 V-101 的流量、温度；

❷ 原料缓冲罐 V-101 储存温度、操作压力、设计参数（设计容量、设计温度、设计压力等）及原料缓冲罐液位控制模式。

节点 2 在设计意图描述方面需确认的内容包括：

❶ 离心泵 P-101A/B 的出口流量、输出压力、量程等参数；

❷ 原料缓冲罐 V-101 氮气供应压力等参数。

离心泵单元运作条件：物料甲醇输送进入原料缓冲罐 V-101 的来料温度 40℃，原料缓冲罐 V-101 操作压力 0.5MPa，原料缓冲罐 V-101 储存温度 50℃，原料缓冲罐 V-101 液位控制 50%，离心泵 P-101A/B 正常输出压力 0.4MPa，离心泵 P-101A/B 正常输出压力 1.2MPa，离心泵 P-101A/B 正常输出流量 20000kg/h，原料缓冲罐 V-101 氮气供应压力 0.8MPa。

节点 1 的设计意图是：从上游装置来的约 40℃ 油品（甲醇），进入储存温度 50℃ 原料缓冲罐 V-101，原料缓冲罐 V-101 液位控制为 50%，操作压力 0.5MPa，原料缓冲罐 V-101 氮气供应压力 0.8MPa，稳定地为下一工序提供物料。

节点 2 的设计意图是：原料缓冲罐 V-101 内油品（甲醇），由泵 P-101A/B 抽出，输送到下游装置，离心泵 P-101A/B 正常输出压力 0.4MPa，离心泵 P-101A/B 正常输出压力 1.2MPa，离心泵 P-101A/B 正常输出流量 20000kg/h，保证下游装置有稳定的甲醇流量。

【任务实施】

学生将通过该任务，了解设计意图描述要求，并能够描述离心泵单元各节点设计意图（工作任务单 6-3）。

要求：1. 按授课教师规定的人数，分成若干个小组（每组 5 ～ 7 人）。

2. 完成后，以小组为单位向全体分享。

3. 时间在 30min 内，成绩在 90 分以上。

工作任务三　HAZOP 分析设计意图描述　编号：6-3		
考查内容：设计意图描述		
姓名：	学号：	成绩：

1. 请依据提示框补全下列表述。

（1）在对需分析的单元和划分的节点进行准确且全面的（　　）是完成 HAZOP 分析的先决条件。

（2）HAZOP 分析是对系统与（　　）的缜密查找过程。

（3）有些情况下，可以用（　　）、（　　）、（　　）方式表示某一节点的设计意图。

（4）为了便于分析，在 HAZOP 分析过程中还要将系统划分成多个节点，并由（　　）或设计工程师充分说明各节点的设计意图。（　　）应确认设计意图的准确性和完整性，以便使HAZOP 分析能够顺利进行。

选项：【物料的输入】【工艺工程师】【设计描述】【产物的输出】【物料的处理】【设计意图偏离】【HAZOP 分析主席】

2. 请完成下列判断题。

（1）设计意图是 HAZOP 分析的基准，应尽可能准确、完整。（　　）

（2）非正常条件和不期望的现象在分析期间不应予以识别和考虑。（　　）

（3）预期的使用年限、可靠性、可维护性、维修保障以及维护期间可能遇到的危险，不应予以辨识和考虑。（　　）

（4）设计描述应充分描述所分析的系统及其组成部分和要素，并识别其特性。（　　）

【任务反馈】

简要说明本次任务的收获、感悟或疑问等。

1 我的收获

2 我的感悟

3 我的疑问

任务四 HAZOP 分析偏离确定

任务目标	1. 了解偏离的组成 2. 掌握常见引导词及参数 3. 熟悉离心泵装置单元确定的有意义的偏离
任务描述	学生将通过该任务，辨识具体性参数、概念性参数，确定离心泵装置单元有意义的偏离

【相关知识】

一、偏离的组成

偏离是指偏离所期望的设计意图。进行 HAZOP 分析时，对于每一节点，HAZOP 分析团队以正常操作运行的参数范围为标准值，分析运行过程中参数的变动，这些偏离通过引导词和参数一一组合产生，即“偏离＝引导词＋参数”。引导词与参数的组合可视为一个矩阵，其中，引导词定义为行，参数定义为列，所形成的矩阵中每个单元都是特定引导词与参数的组合。为全面进行危险识别，参数应涵盖设计意图的所有相关方面，引导词应能引导出所有偏离。并非所有组合都会给出有意义的偏离，因此，考虑所有引导词和参数的组合时，矩阵可能会出现空格。

1. 引导词

引导词为一个简单的词或词组，用来限定或量化意图。引导词的作用是激发分析人员的想象性思维，使其专注于分析，提出观点并进行讨论，从而尽可能使分析完整全面。基本引导词及其含义见表 6-2、表 6-3。

表 6-2 基本引导词及其含义

偏离类型	引导词	含义	示例
否定	无，空白	完全没有达到设计意图	无流量
数量改变	多，过量	数量上的增加	温度高
	少，减量	数量上的减少	温度低
性质改变	伴随	性质上的变化 / 增加	出现杂质；出现不该出现的相变

续表

偏离类型	引导词	含义	示例
性质改变	部分	性质上的变化 / 减少	两个组分中只有一个组分被加入
替换	相反	设计意图的逻辑取反	管道中的物料反向流动
	异常	完全替代	输送了错误物料

表 6-3 与时间和先后顺序（或序列）相关的引导词及其含义

偏离类型	引导词	含义	示例
时间	早	相对于给定时间早	某事件的发生较给定的时间早
	晚	相对于给定时间晚	某事件的发生较给定的时间晚
顺序或序列	先	相对于顺序或序列提前	某事件在序列中过早地发生
	后	相对于顺序或序列延后	某事件在序列中过晚地发生

除上述引导词外，还可能有对辨识偏离更有利的其他引导词，这类引导词如果在分析开始前已经进行了定义，就可以使用。

2. 参数

参数是指与工艺过程有关的物理、化学特性，分为具体性参数和概念性参数。具体性参数是指能够用具体数值来表达的参数，比如：温度、压力、流量、液位、浓度、速度、频率、时间等。概念性参数主要指可能在装置出现的危险事件或活动，比如：反应、泄漏、腐蚀、搅拌、操作、维护等。

二、离心泵单元偏离确定

在 HAZOP 分析软件（初级）的情景模拟中，已明确给出离心泵单元的 8 个偏离：原料缓冲罐 V101 液位过高，原料缓冲罐 V101 液位过低 / 无，原料缓冲罐 V101 压力过高，原料缓冲罐 V101 压力过低，离心泵 P101A/B 进料管线流量过少 / 无，离心泵 P101A/B 出料管线流量过少 / 无，原料缓冲罐 V101 氮气管线压力过高，原料缓冲罐 V101 氮气管线压力过低。以上偏离需掌握。

【任务实施】

学生将通过该任务，了解偏离的组成部分，熟悉离心泵装置单元确定的有意义的偏离（工作任务单 6-4）。

要求：1. 按授课教师规定的人数，分成若干个小组（每组 5 ～ 7 人）。

2. 完成后，以小组为单位向全体分享。

3. 时间在 30min 内，成绩在 90 分以上。

工作任务四　**HAZOP 分析偏离确定**　编号：**6-4**		
考查内容：偏离的组成及确定		
姓名：	学号：	成绩：

1. 通过连线的方式，请将下列工艺参数、引导词组成离心泵单元确定的偏离。

工艺参数	引导词
原料缓冲罐V101液位	过高
原料缓冲罐V101压力	
原料缓冲罐V101氮气管线压力	过少
离心泵P101A/B进料管线流量	
离心泵P101A/B出料管线流量	过低

2. 请将给出的工艺参数填入对应的空格中。

具体参数	概念性参数

【流量、腐蚀、液位、泄漏、搅拌、操作、浓度、速度】

【任务反馈】

简要说明本次任务的收获、感悟或疑问等。

1 我的收获

2 我的感悟

3 我的疑问

任务五 HAZOP 分析后果识别

任务目标	1. 了解后果识别要求 2. 了解事故后果分类，并能够辨识出各类后果
任务描述	通过该任务的学习，了解后果类别及后果识别要求，能分析离心泵装置单元各偏离导致的事故后果

【相关知识】

一、后果识别要求及分类

后果是指偏离所导致的结果，即某个事故剧情对应的不利后果。就某个事故剧情而言，分析后果时应假设任何已有的安全保护（安全阀、泄放装置、联锁、报警、急停按钮等），以及相关的管理措施（如作业制度、巡检等）都失效，所导致的最终不利结果，比如：化学品泄漏、火灾、爆炸、人员伤害、环境损害和生产中断等。这样做的目的是能够提醒 HAZOP 分析团队关注可能出现的最严重的后果，也就是最恶劣的事故剧情。

偏离造成的最终事故后果一般分为以下几类：

【讲解视频】
HAZOP 后果

❶ 安全类，如爆炸、火灾、毒性影响。

❷ 环境影响类，如固相、液相、气相的环境排放，噪声影响。

❸ 职业健康类，如对操作人员及可能影响人群的短期与长期健康影响。

❹ 财产损失类，如设备损坏、装置停车、对下游装置的影响等。

❺ 产品损失类，如产品产量降低、产品质量降低等。

后果也可能包括操作性问题，如：工艺系统是否能够正常操作，是否增加额外操作与检维修难度，是否会影响产品收率等。从以人为本的安全角度看，需特别关注后果识别时人身伤害的事故后果。

后果识别需发挥 HAZOP 分析团队的知识储备和经验，便于 HAZOP 分析团队能够快速地确定合理、可信的最终事故后果，而且不能过分夸大后果的严重程度。后果的分析应符合以下要求：

❶ 后果应分析对人员、财产、环境、企业声誉等方面的影响；

❷ 应分析由偏离导致的安全问题和可操作性问题；

❸ 分析后果时应假设任何已有的安全措施都失效时导致的最终不利的后果；

❹ 应分析所有可能的后果；

❺ 后果可以在节点之内，也可以在节点之外。

二、离心泵单元后果分析

在 HAZOP 分析软件（初级）的情景模拟中，通过剧情化的 3D 教学场景，还原了整个事故后果分析过程，下面以原料缓冲罐 V101 液位过高为例，进行剖析。

首先明确原料缓冲罐物料的理化特性，根据离心泵单元工艺流程可知，原料缓冲罐储存的物料为 40℃ 的甲醇，通过查找甲醇的化学品安全技术说明书（MSDS）可知，甲醇属于易燃物质，其蒸气与空气可形成爆炸性混合物，遇明火、高热能引起燃烧爆炸。在火场中，受热的容器有爆炸危险，其蒸气比空气重，能在较低处扩散到相当远的地方，遇火源会着火回燃。甲醇的闪点为 11℃，引燃温度为 385℃，爆炸上限为 44%，爆炸下限为 5.5%。液位过高会导致满罐溢流，根据甲醇的理化性质，甲醇泄漏，遇到火源会导致火灾爆炸的严重后果。后果描述应把从当前正在分析的偏离到后果之间的中间偏离描述清楚。

【任务实施】

学生将通过该任务，了解事故后果的分类及后果分析的思路，并能够分析离心泵装置单元各偏离导致的事故后果（工作任务单 6-5）。

要求：1. 按授课教师规定的人数，分成若干个小组（每组 5 ～ 7 人）。

2. 完成后，以小组为单位向全体分享。

3. 时间在 30min 内，成绩在 90 分以上。

工作任务五　HAZOP 分析后果识别　编号：6-5		
考查内容：事故后果的分类及识别要求；事故后果的分析思路		
姓名：	学号：	成绩：

1. 通过连线的方式，请将下列后果与后果类别一一对应。

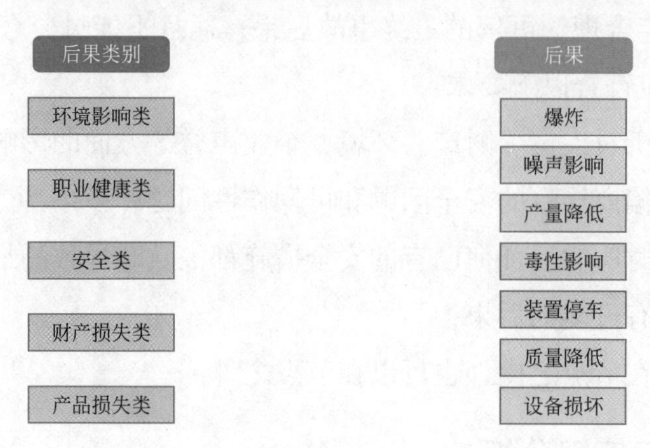

2. 请完成下列判断题。

（1）分析后果时应在已有的安全措施情况下分析导致的最终不利的后果。（　）

（2）后果可以在节点之内，也可以在节点之外。（　）

（3）后果应分析对人员、财产、环境、企业声誉等方面的影响。（　）

（4）从安全的角度看，不需要特别关注后果识别时人身伤害的事故后果。（　）

3. 根据提示框补全离心泵单元装置液位过高偏离的后果识别思路。

首先明确原料缓冲罐（　　），根据离心泵单元工艺流程可知，原料缓冲罐储存的物料为 40℃ 的甲醇，通过查找甲醇的（　　）可知，甲醇属于（　　），其蒸气与空气可形成爆炸性混合物，遇明火、高热能引起燃烧爆炸。在火场中，受热的容器有爆炸危险，其蒸气比空气重，能在较低处扩散到相当远的地方，遇火源会着火回燃。甲醇的闪点为（　　），引燃温度为（　　），爆炸上限为（　　），爆炸下限为（　　）。液位过高会导致（　　），根据甲醇的理化性质，甲醇泄漏，遇到火源会导致火灾爆炸的严重后果。

选项：【物料的理化特性】【11℃】【44%】【化学品安全技术说明书】【385℃】【5.5%】【易燃物质】【满罐溢流】

4. 依据后果识别分析思路，通过连线的方式，尝试选出下列离心泵单元偏离所导致的事故后果。

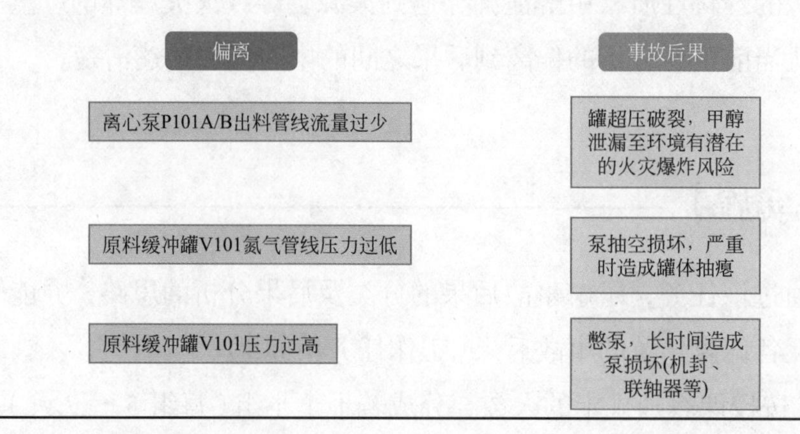

【任务反馈】

简要说明本次任务的收获、感悟或疑问等。

1 我的收获
2 我的感悟
3 我的疑问

任务六 HAZOP 分析原因识别

任务目标	1. 了解原因识别要求 2. 了解常见原因分类 3. 能够辨识出引发事故的初始原因及原因发生频率
任务描述	通过该任务的学习，了解原因类别及原因识别要求，掌握离心泵装置单元导致各偏离原因

【相关知识】

一、原因识别要求及分类

【讲解视频】

HAZOP 原因

原因是指导致偏离（影响）的事件或条件。原因是偏离发生的缘由，原因分析是 HAZOP 分析的重要环节，原因分析过程可以增进对事故发生机制和各种原因的了解，同时有助于确定所需要的安全措施。当一个有意义的偏离被识别时，HAZOP 分析团队应对其原因进行分析。偏离可能是由单一原因或多个原因所致，通常原因可以分为以下几种。

1. 直接原因

直接原因是指直接导致事故发生的原因。直接原因是一种简单的情况，如果直接原因得到纠正，则在同一地点再度发生相同事故时，可能加以避免，但是无法防止类似事故发生。

2. 起作用的原因

起作用原因是指对事故的发生起作用，但其本身不会导致事故发生。与起作用的原因相同的原因还有使能原因或条件原因。纠正起作用的原因或使能原因，有助于消除将来发生类似事故，但是解决了一次不等于所有问题都能解决。

3. 根原因

它是最根本的原因，通常指管理上存在的某种缺陷。根原因可通过逻辑分析的方法识别，通过安全措施加以纠正。根原因如果得到矫正，能防止由它所导致的事故或类似的事故再次发生。

识别和纠正根原因会大幅度减少或消除该事故或类似事故复发风险。识别出根原因，可能需要识别出一个导致另一个的一系列相关的事件及其原因。应当沿着这个因果事件序列一直追溯到根部，直到识别出能够矫正错误的根原因。值得注意的是：HAZOP 分析不是对事故进行根原因分析，在分析过程中，一般不深究根原因。如果细化到根原因，将会导致太多的潜在危险剧情，花费太多的时间和精力。

4. 初始原因

初始原因又称为初始事件或触发事件，是指在一个事故序列（一系列与该事故关联的事件链）中的第一个事件。初始原因和根原因的关系，最简单的解释就是根原因导致了初始原因的发生，或者说先有根原因才会有初始原因。HAZOP 分析和保护层分析领域将识别的原因明确界定为初始原因或初始事件。在进行 HAZOP 分析时，分析原因较常见的做法是找出工艺系统出现偏离的初始原因。初始原因类型一般包括外部事件、设备故障和人的失效，分类见表 6-4。

表 6-4 初始原因类型

类别	具体说明
外部事件	❶ 地震、海啸、龙卷风、飓风、洪水、泥石流和滑坡等自然灾害 ❷ 空难 ❸ 临近工厂的重大事故 ❹ 破坏或恐怖活动

续表

类别	具体说明
外部事件	❺ 雷击和外部火灾 ❻ 其他外部事件
设备故障	❶ 控制系统失效 ❷ 机械系统故障 · 磨损、疲劳或腐蚀造成的容器或管道失效 · 设计、技术规程或制造缺陷造成的容器或管道失效 · 超压造成的容器或管道失效 · 振动导致的失效 · 维护 / 维修不完善造成的失效 · 高温或低温，以及脆性断裂引起的失效 · 内部爆炸、分解或其他失效反应造成的失效 · 其他机械系统故障 ❸ 公用工程故障 ❹ 其他故障
人的失效	❶ 对给出的条件或其他提示未能正确地观察或响应 ❷ 未能按正确的顺序执行任务步骤 ❸ 未能按操作规程进行操作（如误开或误关） ❹ 维护失误 ❺ 其他行为失效

二、离心泵单元原因分析

在 HAZOP 分析过程中，原因分析主要涉及 2 个步骤。

1. 搜集资料

原因分析的第一步是搜集密切相关的信息资料（包括数据），主要内容有：

❶ 原因出现之前的条件；

❷ 原因发生的过程；

❸ 原因之后发生的事件；

❹ 人员的参与（包括人员的行动）；

❺ 环境因素；

❻ 其他相关发生的事件等。

2. 评估

评估是原因分析的核心内容，针对问题的复杂程度和危险程度可选用不同的分析方法和工具。评估过程主要是原因的识别过程，包含以下方面：

❶ 识别问题；

❷ 确定重大问题；

❸ 识别直接作用和围绕该问题的原因（条件或行动）；

❹ 识别为什么在当前执行步骤中存在该原因，并且沿着故障或事故发生的线索追溯到根原因。根原因是事故的根本缘由，如果加以纠正，在整个装置中将会在源头上减少或防止该事故的再度发生。找到根原因是评估的终点。

初始原因描述规则：从偏离的初始原因到选择的中间偏离写清楚，以表达完整事故剧情的左侧部分。

以原料缓冲罐 V101 液位过高偏离为例，进行原因分析。首先根据分析资料，在 HAZOP 分析主席的带领下，采用团队“头脑风暴”的原因分析方法，分析出导致原料缓冲罐 V101 液位高的一个原因为原料缓冲罐液位控制回路 LICA101 故障，导致液位阀门 LV101 开度过大或全开，甲醇供应量增多，引起原料缓冲罐液位过高。

【任务实施】

学生将通过该任务，了解原因类别及原因识别要求，掌握离心泵装置单元导致各偏离的原因（工作任务单 6-6）。

要求：1. 按授课教师规定的人数，分成若干个小组（每组 5 ～ 7 人）。

2. 完成后，以小组为单位向全体分享。

3. 时间在 30min 内，成绩在 90 分以上。

工作任务六　**HAZOP 分析原因识别**　编号：6-6		
考查内容：初始原因的分类及识别要求；原因的分析思路		
姓名：	学号：	成绩：

1. 通过连线的方式，请将下列原因与初始原因类别一一对应。

初始原因类别	原因
设备故障类	临近工厂的重大事故
	储罐泄漏
	地震、洪水
外部事件类	液位控制阀失效
	阀门误关
	操作规程执行错误
人的失效类	管道疲劳失效

2. 请完成下列判断题。

（1）HAZOP 分析和保护层分析领域将识别的原因明确界定为根本原因。(　　)

（2）根原因如果得到矫正，能防止由它所导致的事故或类似的事故再次发生。(　　)

（3）在进行 HAZOP 分析时，分析原因较常见的做法是找出工艺系统出现偏离的根原因。(　　)

（4）直接原因得到纠正，可以防止类似事故发生。(　　)

3. 根据提示框补全离心泵单元液位过高偏离的原因识别思路。

初始原因描述规则：从偏离的初始原因到(　　)写清楚，以表达完整事故剧情的左侧部分。以原料缓冲罐 V101 液位过高偏离为例，进行原因分析。首先根据分析资料，在(　　)的带领下，采用(　　)的原因分析方法，分析出导致原料缓冲罐 V101 液位高的一个原因为原料缓冲罐(　　)故障，导致(　　)开度过大或全开，甲醇供应量增多，引起原料缓冲罐液位过高。

选项：【液位阀门 LV101】【团队“头脑风暴”】【选择的中间偏离】【HAZOP 分析主席】【液位控制回路 LICA101】

4. 依据原因识别分析思路，通过连线的方式，尝试选出下列离心泵单元导致的偏离的初始原因。

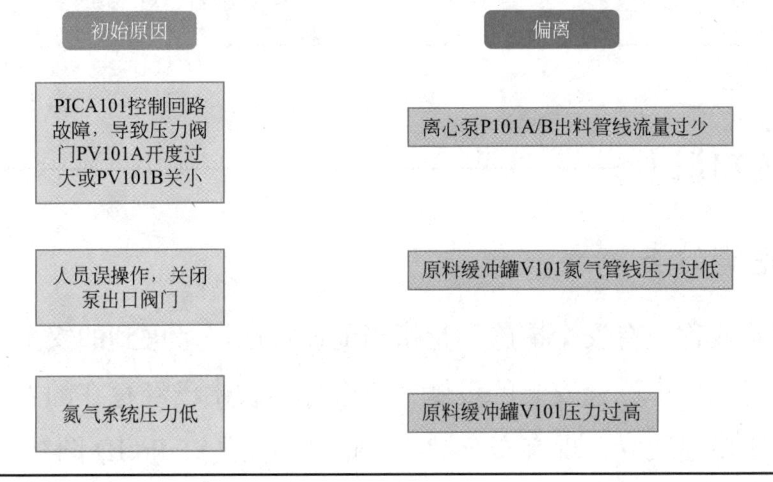

【任务反馈】

简要说明本次任务的收获、感悟或疑问等。

1 我的收获

2 我的感悟

3 我的疑问

任务七 HAZOP 分析现有安全措施识别

任务目标	1. 了解安全措施类别 2. 能够辨识出离心泵单元现有安全保护措施
任务描述	通过该任务的学习，了解安全措施类别及选择原则，学会识别离心泵单元现有安全措施

【相关知识】

【讲解视频】保护措施

一、安全措施分类

安全措施或称现有安全措施，是指当前设计已经考虑到的安全措施，或运行工厂中已经安装的设施，或管理实践中已经存在的安全措施。对于新建装置，现有安全措施是指已经表达在 P&ID 图纸上或文件上的设计要求；对于在役装置，是指已经安装在生产装置上的设备、仪表和自控等硬件设施，或者体现在文件中的生产操作要求。

现有安全措施是防止事故发生或减缓事故后果的工程措施或管理措施。在事故剧情处于初始事件至失事点之间的措施称为防止措施。在事故剧情失事点以后的措施称为减缓措施。防止措施，影响初始原因所引发的失事点发生的概率；减缓措施，减缓不利后果的严重程度。

典型的安全措施类型如图 6-4 所示。

1. 工艺设计

从根本上消除或减少工艺系统存在的危害。设备型号的选择、压力等级确定等工艺设计可以预防事故。如：材料的选择、设备型号的选择、压力等级的确定等。

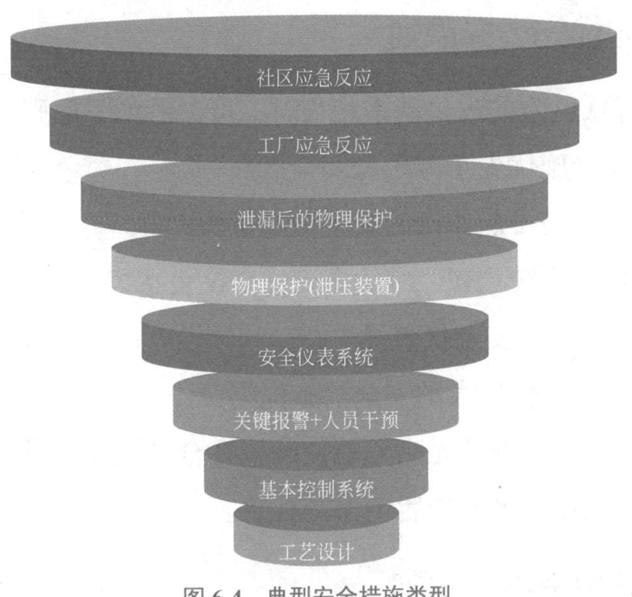

图 6-4　典型安全措施类型

2. 基本控制系统

执行持续监测和控制日常生产过程的控制系统。BPCS 中的控制回路通过响应过程或操作人员的输入信号，产生输出信息，使过程以期望的方式运行，该控制回路正常运行时能避免特定危险事件的发生。如：液位信号控制进料阀门开度；温度信号控制循环冷却水进料等。

3. 报警和人员干预

是操作人员或其他工作人员对报警的响应，或在系统常规检查后采取的防止不良后果的行为（如：有报警信号，且人员至少有 10min 的反应时间）。

4. 安全仪表系统

针对特定危险事件通过检测超限等异常条件，控制过程进入功能安全状态。

5. 物理保护（泄压装置）

提供超压保护，防止容器的灾难性破裂（如：安全阀、爆破片等）。

6. 泄漏后的物理保护

危险物质释放后，用来降低事故后果的保护措施（如：围堰、防火堤、防爆墙等）。

7. 工厂和社区的应急反应

主要包括固定灭火系统、人工喷淋水系统、工厂撤离、避难所等。

二、安全措施的优先选择原则

当安全措施降低风险的效果基本相当时，可参考如下原则进行权衡：

❶ 防止型安全措施优先于减缓型安全措施；

❷ 在多个事故剧情中起作用的安全措施优先；

❸ 基本过程控制系统（BPCS）优先于安全仪表系统（SIS）；

❹ SIL 等级低的功能安全仪表优先；

❺ 降低高风险剧情作用大的安全措施优先。

关于安全措施，最重要的是它们能使装置在全部操作条件范围内和当误操作时仍是安全的，并且在装置改造后仍保持有效。

三、离心泵单元安全措施识别

安全措施识别方法如下：

在 P&ID 图上，参照“典型安全措施类型”由下至上一层一层进行识别。常见管理措施（如巡检、培训、PPE、设备定期维护保养等）不能作为安全措施，多个安全措施存在共因失效时，只能算作一条安全措施，安全措施应独立于初始事件。

下面以原料缓冲罐 V101 液位过高为例，按照安全措施识别方法，在离心泵单元 P&ID 图纸（参见图 6-2）上，参照“典型安全措施类型”由下至上一层一层识别现有安全保护措施。

P&ID 图上的现有安全措施有：液位控制回路 LICA101、压力高报警 PI106 及人员响应、液位高高联锁 LS103，因导致原料缓冲罐 V101 液位过高的初始事件为 LICA101 控制回路故障，安全措施应独立于初始事件，故液位控制回路 LICA101 不能作为安全措施。由此可知原料缓冲罐 V101 液位过高的现有安全措施为压力高报警 PI106 及人员响应、液位高高联锁 LS103。

【任务实施】

学生将通过该任务，了解原因类别及原因识别要求，掌握离心泵装置单元各偏离导致的原因（工作任务单 6-7）。

要求：1. 按授课教师规定的人数，分成若干个小组（每组 5 ～ 7 人）。

2. 完成后，以小组为单位向全体分享。

3. 时间在 30min 内，成绩在 90 分以上。

工作任务七　**HAZOP 分析现有安全措施识别**　编号：6-7		
考查内容：安全措施的类型及选择原则；现有安全措施分析思路		
姓名：	学号：	成绩：

1. 依据给出的提示框，补全安全措施类型。

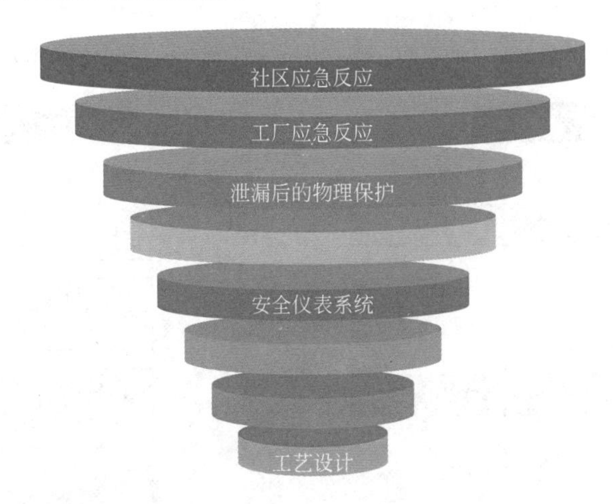

选项：【关键报警 + 人员干预】【物理保护（泄压装置）】【基本控制系统】

2. 通过连线的方式，将下列安全措施与安全措施类型一一对应。

安全措施类型	安全措施
工艺设计类	压力控制回路
关键报警和人员响应类	安全阀
基本控制系统类	液位控制回路
安全仪表功能类	爆破片
物理保护(泄压装置)类	有报警信号，且人员有10min以上的反应时间
	容器设计可承受高温
	爆破片

3. 请完成下列判断题。

（1）减缓型安全措施优先于防止型安全措施。（　　）

（2）基本过程控制系统（BPCS）优先于安全仪表系统（SIS）。（　　）

（3）降低高风险剧情作用大的安全措施优先。（　　）

（4）SIL 等级高的功能安全仪表优先。（　　）

4. 根据提示框补全离心泵单元装置液位过高偏离的安全措施识别思路。

初安全措施识别方法：在 P&ID 图上，参照（　　）由下至上一层一层进行识别。（　　）（如巡检、培训、PPE、设备定期维护保养等）不能作为安全措施，多个安全措施存在共因失效时，只能算作一条安全措施，安全措施应独立于（　　）。

下面以原料缓冲罐 V101 液位过高为例，按照安全措施识别方法，在离心泵单元 P&ID 图纸（图 6-2）上，识别现有安全保护措施。P&ID 图上的现有安全措施有：液位控制回路 LICA101、压力高报警 PI106 及人员响应、液位高高联锁 LS103，因导致原料缓冲罐 V101 液位过高的初始事件为 LICA101 控制回路故障，安全措施应独立于（　　），故液位控制回路 LICA101 不能作为安全措施。由此可知原料缓冲罐 V101 液位过高的现有安全措施为（　　）、（　　）。

选项：【常见管理措施】【典型安全措施类型】【液位高高联锁 LS103】【初始事件】【压力高报警 PI106 及人员响应】

5. 依据安全措施识别分析思路，通过连线的方式，尝试选出下列离心泵单元导致的偏离的现有安全措施。

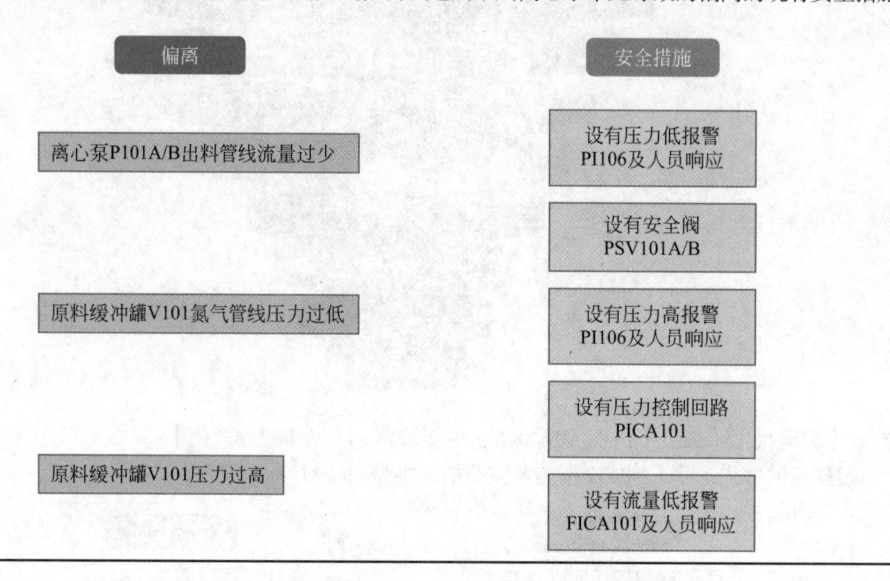

【任务反馈】

简要说明本次任务的收获、感悟或疑问等。

1 我的收获

2 我的感悟

3 我的疑问

任务八 HAZOP 分析风险等级评估

任务目标	1. 了解风险矩阵评估方法 2. 了解原因发生频率及事故后果严重性等级表
任务描述	通过该任务的学习，学会使用风险矩阵，并评估离心泵单元各事故剧情的风险等级

【相关知识】

一、风险矩阵方法介绍

【讲解视频】
事故剧情

风险是对事故发生的可能性和后果的严重程度的综合衡量。风险矩阵是将每个损失事件发生的可能性（L）和后果严重程度（S）两个要素结合起来，根据风险（R）在平面矩阵的中的位置，确定其风险等级。

风险 R 的函数关系可表示为：

$$R=F(L, S)$$

风险矩阵方法非常依赖人员的经验和知识，由于分析团队中成员的经验和认识不同，评估某个事故剧情风险等级也会产生差异。需要注意的是：不能随意地调整可能性等级和严重性等级，更不能为了刻意强调某类危险或者风险，而有意主观地调整风险等级。HAZOP 分析中使用风险矩阵方法能够为评估现有安全措施能否将事故剧情风险降低到可接受水平，以及优化配置用于进一步降低风险的资源提供有效途径。

下面介绍化工企业使用的安全风险等级量化工具：中国石化安全风险矩阵。在企业生产经营活动中，采用中国石化安全风险矩阵评估初始风险和剩余风险等级，决定是否需要采取措施降低风险。中国石化安全风险矩阵如表 6-5 所示。

❶ 事故后果严重性等级从健康和安全影响、财产损失影响、非财务与社会影响三类进行评估，按严重性从轻微到特别重大分为 A、B、C、D、E、F 和 G7 个等级。事故后果严重程度等级详见表 6-6。

❷ 事故后果发生的可能性从低到高分为 8 个等级，依次为 1、2、3、4、5、6、7、和 8。事故后果发生的可能性分级详见表 6-7。

❸ 风险矩阵中的具体数字代表该风险的风险指数值，非绝对风险值最小为

安全风险矩阵

（彩图）

表 6-5　中国石化安全风险矩阵

安全风险矩阵		发生的可能性等级——从不可能到频繁发生 ⇒							
		1	2	3	4	5	6	7	8
	后果等级	类似的事件没有在石油石化行业发生过，且发生的可能性极低	类似的事件没有在石油石化行业发生过	类似事件在石油石化行业发生过	类似的事件在中国石化曾经发生过	类似的事件在本企业相似设备设施(使用寿命内)或相似作业活动中发生过	在设备设施(使用寿命内)或相同作业活动中发生过1或2次	在设备设施(使用寿命内)或相同作业中发生过多次	在设备设施或相同作业活动中经常发生(至少每年发生)
		$\leqslant 10^{-6}$/年	$10^{-6}\sim10^{-5}$/年	$10^{-5}\sim10^{-4}$/年	$10^{-4}\sim10^{-3}$/年	$10^{-3}\sim10^{-2}$/年	$10^{-2}\sim10^{-1}$/年	$10^{-1}\sim1$/年	>1/年
事故严重性等级(从轻到重) ⇓	A	1	1	2	3	5	7	10	15
	B	2	2	3	5	7	10	15	23
	C	2	3	5	7	11	16	23	35
	D	5	8	12	17	25	37	55	81
	E	7	10	15	22	32	46	68	100
	F	10	15	20	30	43	64	94	138
	G	15	20	29	43	63	93	136	200

1，最大为200。风险指数指表征了每一个风险等级的相对大小。

❹ 对于某风险的具体风险等级，采用后果严重性等级的代表字母和可能性等级数字组合表示。如：当后果等级为A，可能性等级为7时，其对应的风险等级为A7。

❺ 风险级别分为重大风险（红色）、较大风险（橙色）、一般风险（黄色）和低风险（蓝色）四个级别。值得注意的是：风险值落在蓝色、黄色区域，一般是可接受风险（除健康和安全影响类的风险值为17外），风险值落在橙色和红色区域，是不可接受风险，需采取措施降至可接受范围内。（注：因双色印刷，故书中图并未体现相应颜色，可扫描二维码查看彩图。）

表6-6　故事后果严重程度等级

后果等级	健康和安全影响（S/H）（人员损害）	财产损失影响（F）	非财务性影响与社会影响（E）
A	轻微影响的健康/安全事故：1.急救处理或医疗处理，但不需住院，不会因事故伤害损失工作日；2.短时间暴露超标，引起身体不适，但不会造成长期健康影响	事故直接经济损失在10万元以下	能够引起周围社区少数居民短期内不满、抱怨或投诉（如抱怨设施噪声超标）
B	中等影响的健康/安全事故：1.因事故伤害损失工作日；2.1～2人轻伤	直接经济损失10万元以上，50万元以下；局部停车	1.当地媒体的短期报道； 2.对当地公共设施的日常运行造成干扰（如导致某道路在24小时内无法正常通行）
C	较大影响的健康/安全事故：1.3人以上轻伤或1～2人重伤（包括急性工业中毒，下同）；2.暴露超标，带来长期健康影响或造成职业相关的严重疾病	直接经济损失50万元及以上，200万元以下；1～2套装置停车	1.存在合规性问题，不会造成严重的安全后果或不会导致地方政府相关监管部门采取强制性措施；2.当地媒体的长期报道；3.在当地造成不利的社会影响。对当地公共设施的日常运行造成严重干扰
D	较大的安全事故，导致人员死亡或重伤：1.界区内1～2人死亡或3～9人重伤；2.界区外1～2人重伤	直接经济损失200万元以上，1000万元以下；3套及以上装置停车；发生局部区域的火灾爆炸	1.引起地方政府相关监管部门采取强制性措施；2.引起国内或国际媒体的短期负面报道
E	严重的安全事故：1.界区内3～9人死亡或10人及以上，50人以下重伤；2.界区外1～2人死亡或3～9人重伤	事故直接经济损失1000万元以上，5000万元以下；发生失控的火灾或爆炸	1.引起国内或国际媒体长期负面关注；2.造成省级范围内的不利社会影响；对省级公共设施的日常运行造成严重干扰；3.引起了省级政府相关部门采取强制性措施；4.导致失去当地市场的生产、经营和销售许可证

续表

后果等级	健康和安全影响（S/H）（人员损害）	财产损失影响（F）	非财务性影响与社会影响（E）
F	非常重大的安全事故，将导致工厂界区内或界区外多人伤亡；1. 界区内10人及以上，30人以下死亡或50人及以上，100人以下重伤；2. 界区外3～9人死亡或10人及以上，50人以下重伤	事故直接经济损失5000万元以上，1亿元以下	1. 引起了国家相关部门采取强制性措施；2. 在全国范围内造成严重的社会影响；3. 引起国内国际媒体重点跟踪报道或系列报道
G	特别重大的灾难性安全事故，将导致工厂界区内或界区外大量人员伤亡：1. 界区内30人及以上死亡或100人及以上重伤；2. 界区外10人及以上死亡或50人及以上重伤	事故直接经济损失1亿元以上	1. 引起国家领导人关注，或国务院、相关部委领导作出批示；2. 导致吊销国际国内主要市场的生产、销售或经营许可证；3. 引起国际国内主要市场上公众或投资人的强烈愤慨或谴责

表 6-7　事故后果发生的可能性分级表

可能性分级	定性描述	定量描述
	（定性描述仅作为初步评估风险等级使用，在设计阶段评估风险或精确评估风险等级时，应采用定量描述）	发生的频率 F/（次/年）
1	类似的事件没有在石油石化行业发生过，且发生的可能性极低	$\leqslant 10^{-6}$
2	类似的事件没有在石油石化行业发生过	$10^{-5} \geqslant F > 10^{-6}$
3	类似事件在石油石化行业发生过	$10^{-4} \geqslant F > 10^{-5}$
4	类似的事件在中国石化曾经发生过	$10^{-3} \geqslant F > 10^{-4}$
5	类似的事件在本企业相似设备设施（使用寿命内）或相似作业活动中发生过	$10^{-2} \geqslant F > 10^{-3}$
6	在设备设施（使用寿命内）或相同作业活动中发生过1或2次	$10^{-1} \geqslant F > 10^{-2}$
7	在设备设施（使用寿命内）或相同作业中发生过多次	$1 \geqslant F > 10^{-1}$
8	在设备设施或相同作业活动中经常发生（至少每年发生）	$\geqslant 1$

二、离心泵单元风险等级评估

HAZOP分析团队要判断一个事故剧情的现有安全措施是否充分，从而判断是否已经把风险降低到了可以接受的程度。评估风险等级是HAZOP分析的重要环节。如果评估出现有安全措施已经可以把风险降至可接受的程度，那么此事故剧情的分析流程结束。如果 HAZOP 分析团队认为现有安全措施不能使风险降至可接受的程度，那么分析团队要提出一个或若干个建议安全措施。这种判断很大程度上要依靠 HAZOP 分析团队的经验、知识和能力，并且要最终取得一致意见。

下面以原料缓冲罐 V101 液位过高偏离为例，评估此事故剧情风险等级。原料缓冲罐 V101 液位过高偏离事故剧情描述为：原料缓冲罐液位控制回路 LICA101 控制回路故障，导致液位阀门 LV101 开度过大或全开，甲醇供应量增多，引起原料缓冲罐液位过高，导致甲醇满罐溢流，遇到火源会导致火灾爆炸的严重后果，现有安全措施包括压力高报警 PI106 及人员响应、液位高高联锁 LS103。

参照 HAZOP 分析培训软件（初级）中的案例场景具体进行分析。

1. 初始风险

初始风险是指在不考虑已有的任何安全措施的情况下辨识可信的最恶劣后果，分析其发生可能性和严重性。

（1）事故后果严重程度评估

❶ 健康和安全影响（人员损害） 依据 HAZOP 分析培训软件（初级）中场景的分析资料（巡检制度）可知：现场巡检人员 2 人，巡检时间 2 小时一次。当火灾爆炸事故发生时，正好巡检人员在现场的话，会造成最严重的人员伤害是界区内 1 ～ 2 人死亡。通过查找事故后果严重程度等级表，可知人员伤害后果严重性等级处于 D 等级。

❷ 财产损失影响 评估财产损失，首先判断火灾爆炸事故波及的区域，依据 HAZOP 分析培训软件（初级）中场景的分析资料（爆炸危险区域图）可知：爆炸区域半径 20m，爆炸波及离心泵、原料缓冲罐等设备。依据分析资料（设备清单）中的设备价格及场景中显示的报废剩余残值可知，火灾爆炸事故造成直接经济损失为 50 万元～ 200 万元区间范围内。通过查找事故后果严重程度等级表，可知财产损失后果严重性等级处于 C 等级。

【讲解视频】
爆炸及其种类

❸ 非财务性影响与社会影响 非财务性影响与社会影响，依据 HAZOP 团队小组的经验进行评估。在 HAZOP 分析培训软件（初级）中的场景是通过企业安全人员的经验进行评估的。依据安全员多年经验可知，如果离心泵单元火灾爆炸

事故发生，会受到当地媒体的短期报道，对当地公共设施的日常运行造成干扰。通过查找事故后果严重程度等级表，可知财产损失后果严重性等级处于 B 等级。

（2）事故发生的可能性评估

事故发生的可能性即原因发生的频率。HAZOP 分析培训软件（初级）中集成了典型初始事件发生频率表（表 6-8），可根据初始事件类型评估出此原因发生的频率，在选取具体值时，通常选取概率区间里最大的数值。初始事件原料缓冲罐液位控制回路 LICA101 控制回路故障，属于基本过程控制系统（BPCS）故障，故原因发生频率 F 取 10^{-1}，通过查找事故后果发生的可能性分级表，此事故后果发生的可能性分级处于 6 等级。

表 6-8 典型初始事件发生频率

初始事件	条件	频率 /（次 / 年）
基本过程控制系统（BPCS）故障	基本过程控制系统 (BPCS) 涵盖完整的仪表回路，包括传感器、逻辑控制器以及最终执行元件	$10^{-1}\sim10^{-2}$
公用工程故障	供应中断，意外堵塞或其他主要供应问题	$10^{-1}\sim10^{-2}$
操作员失误或维护行为	日常操作任务中发生疏忽或故意误操作。操作人员经过对指定任务的培训并且此任务有相关程序文件可以参考。指定任务有人员复查其完成的正确性	$10^{-1}\sim10^{-2}$
设备失效	典型设备发生泄漏、破裂或其他异常情况	$10^{-1}\sim10^{-2}$
其他初始原因	分析小组应当全面考虑初始原因可能涉及的各个方面	使用专家经验或失效数据库数据

综上所述，通过查找安全风险矩阵，三类后果的风险等级分别为：健康和安全影响（人员损害）D6（37），处于橙色区域；财产损失影响 C6（16），处于黄色区域；非财务性影响与社会影响 B6（10），处于黄色区域。对于某风险的具体风险等级，应取三种后果中最高的风险等级，原料缓冲罐 V101 液位过高事故剧情的初级风险等级为：较大风险（橙色），是不可接受的。

2. 降低后风险

降低后风险为将现有安全保护措施考虑进去，判断风险衰减程度，评估风险是否降低到可接受范围内。

HAZOP 分析培训软件（初级）中集成了保护措施失效概率表，可根据现有保护措施类型评估出此保护措施的失效概率，在选取具体值时，通常选取概率区间里最大的数值。此剧情现有安全保护措施包括：压力高报警 PI106 及人员响应及液位高高联锁 LS103。压力高报警 PI106 及人员响应（人员行动，有 40min 响应时间）属于关键和人员参与类型，故此安全措施失效概率（PFD）取 10^{-1}；液位高高联锁 LS103（SIL2）属于安全仪表系统类型，故此安全措施失效概率（PFD）取 10^{-2}。

结合初始风险评估出的事故发生频率（10^{-1}）及现有两个安全措施的失效概率，可得出降低后风险的事故发生概率为 10^{-4}。通过查找安全风险矩阵，三类后果的风险等级分别为：健康和安全影响（人员损害）D3（12），处于黄色区域；财产损失影响 C3（5），处于蓝色区域；非财务性影响与社会影响 B3（3），处于蓝色区域。对于某风险的具体风险等级，应取三种后果中最高的风险等级。原料缓冲罐 V101 液位过高事故剧情的降低后风险等级为：一般风险（黄色），处于可接受风险范围内，现有安全措施已经可以把风险降至可接受的程度。

【任务实施】

学生将通过该任务，了解风险矩阵、原因发生频率及事故后果严重性等级，并评估离心泵单元各事故剧情的风险等级（工作任务单 6-8）。

要求：1. 按授课教师规定的人数，分成若干个小组（每组 5 ～ 7 人）。

2. 完成后，以小组为单位向全体分享。

3. 时间在 30min 内，成绩在 90 分以上。

工作任务八　HAZOP 分析风险等级评估　编号：6-8		
考查内容：风险矩阵方法及使用；风险等级评估思路		
姓名：	学号：	成绩：

1. 依据给出的提示框，补全风险矩阵方法相关内容。

（1）风险矩阵是将每个（　　）（L）和（　　）（S）两个要素结合起来，根据风险（R）在平面矩阵的中的位置，确定其风险等级。

（2）风险矩阵方法非常依赖（　　），由于分析团队中成员的经验和认识不同，评估某个事故剧情风险等级也会产生差异。

（3）风险级别分为（　　）风险（红色）、（　　）风险（橙色）、（　　）风险（黄色）和（　　）风险（蓝色）四个级别。值得注意的是：风险值落在（　　）区域，一般是可接受风险（除健康和安全影响类的风险值为 17 外），风险值落在（　　）区域，是不可接受风险，需采取措施降至可接受范围内。

（4）事故后果严重性等级从（　　）、（　　）、非财务与社会影响三类进行评估，按严重性从轻微到特别重大分为 A、B、C、D、E、F 和 G7 个等级。

选项：【后果严重程度】【橙色、红色】【一般】【财产损失影响】【损失事件发生的可能性】【较大】【人员的经验和知识】【低】【重大】【蓝色、黄色】【健康和安全影响】

2. 根据风险评估思路，补全案例原料缓冲罐 V101 液位过高事故剧情的降低后风险。

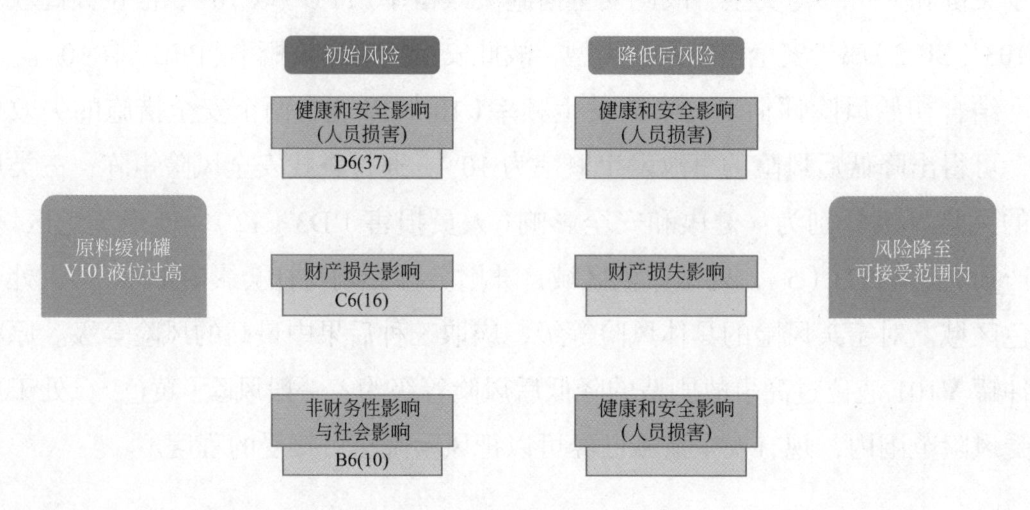

3. 依据 HAZOP 分析软件（初级）中的情景模拟场景培训及安全措施识别分析思路，尝试补全离心泵单元原料缓冲罐 V101 压力高事故剧情的风险等级。

事故剧情描述：氮气系统压力高，引起原料缓冲罐 V101 压力过高，导致原料缓冲罐 V101 超压破裂，甲醇泄漏至环境，遇到火源会导致火灾爆炸的严重后果，现有安全措施包括设有安全阀 PSV101A/B、压力高报警 PI106 及人员响应、压力控制回路 PICA101。

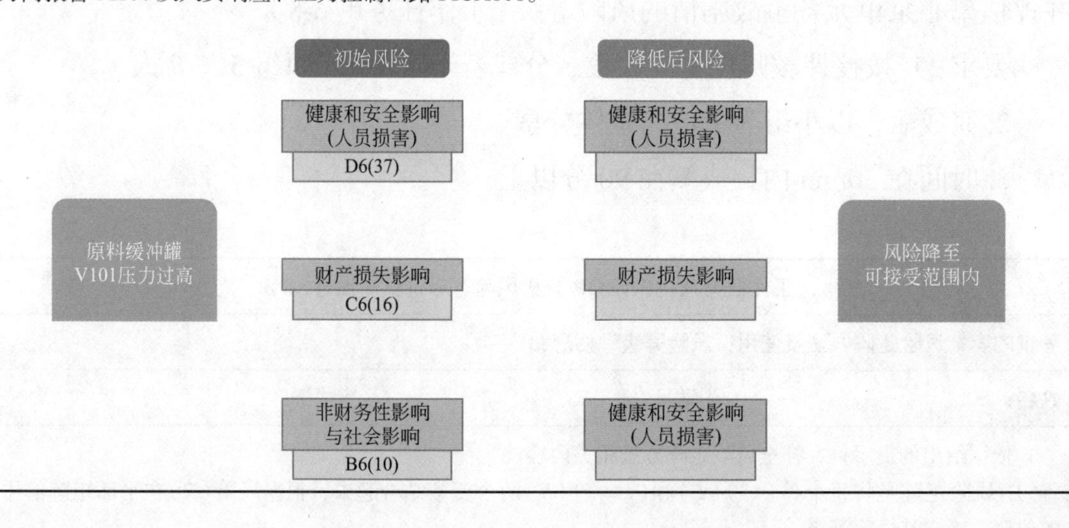

【任务反馈】

简要说明本次任务的收获、感悟或疑问。

1 我的收获

2 我的感悟

3 我的疑问

任务九 HAZOP 分析建议措施提出

任务目标	1. 了解建议措施概念及分类 2. 了解建议措施要求
任务描述	通过该任务的学习，了解建议措施基本概念、分类以及建议措施的提出要求

【相关知识】

一、建议措施分类

建议措施是指所提议的消除或控制危险的措施，改进设计、操作规程，增加或减少安全保护措施，或者进一步进行分析研究等。在 HAZOP 分析过程中，如果现有安全措施不足以将事故剧情的风险降低到可接受的水平，HAZOP 分析团队应提出必要的建议措施降低风险，确保通过现有安全措施和建议措施的实施使风险降低到可接受水平。建议措施主要分为三大类：工程措施、行政措施、进一步研究的提议。

1. 工程措施

（1）仪表类

❶ 安装一个指示（远传或就地指示）。

❷ 增加一个报警（高报、高高报、低报、低低报）。

❸ 安装一个自动调节回路。

❹ 增加一个联锁系统。

（2）安全设施类

安全阀、止逆阀、阻火器、可燃气体报警仪、图像视频监控、消防设施等。

（3）被动安全措施类

溢流管线、最小流量返回管线、事故罐、围堰等。

2. 行政措施

❶ 更新 P&ID 图纸。

❷ 增加 / 修改操作规程、维修规程。

❸ 增加应急预案。

❹ 改进其他的有针对性的管理手段等。

3. 进一步研究的提议

提出的改进措施未必一定要解决审查中发现的问题，可以提出改进方向或建议成立专家组另行研究。

【讲解视频】
易燃、可燃液体贮罐初起火灾的扑救

二、建议措施要求

提出的建议措施应符合以下规定：

❶ 建议措施应起到减缓后果的严重程度或降低事故剧情发生的可能性作用；

❷ 应优先选择可靠性和经济性较高的预防性安全措施；

❸ 防止措施优先于减缓措施；

❹ 常规安全措施优先于功能安全仪表（SIS）；

❺ 设计阶段建议措施应以采取工程措施为优先，在资源条件有限的情况下，加强操作管理也是消除隐患的一种方法；

❻ 在役装置建议措施应以采取行政措施为优先，特别是高危隐患，应及时停车采取工程整改；

❼ 对于 HAZOP 分析会上无法明确的建议措施，暂时无条件开展的部分，或不适合应用 HAZOP 方法分析的部分，可提出开展下一步工作的建议。

一条好的建议措施应：能消减风险；具有针对性、技术可行性、经济合理性。针对成本、时间的考虑，应由管理层进行平衡。

三、离心泵单元建议措施提出

在建议新的安全措施前，HAZOP 分析团队应首先审查风险。并不是所有的事故剧情都需要提出建议措施，一般来讲，只有当分析团队认为在实施了现有安全措施之后，剩余风险仍然超过可接受标准时，才考虑建议措施。

例如HAZOP分析软件中原料缓冲罐V101液位过高事故剧情，现有的安全措施已将风险降至可接受程度，故不需要再提出建议措施降低风险。

【任务实施】

学生将通过该任务，了解建议措施的分类及提出要求（工作任务单6-9）。

要求：1. 按授课教师规定的人数，分成若干个小组（每组5～7人）。

2. 完成后，以小组为单位向全体分享。

3. 时间在30min内，成绩在90分以上。

工作任务九　**HAZOP**分析建议措施提出　编号：**6-9**		
考查内容：建议措施的类型及提出要求		
姓名：	学号：	成绩：

1. 通过连线的方式，将下列建议措施与建议措施类型一一对应。

建议措施类别	建议措施
工程措施	进一步确认该管段的压力等级和材质，如存在问题更换该管段
行政措施	为了便于操作工监测，在容器V-101北侧增加一个现场过程指示仪表(PI)
进一步研究的提议	修改维修计划Q-30，将引擎QM350A/B的润滑油更换周期从两个月一次改为每月一次

2. 请完成下列判断题。

（1）应优先选择可靠性和经济性较高的减缓型安全措施。（　　）

（2）建议措施应起到减缓后果的严重程度或降低事故剧情发生的可能性作用。（　　）

（3）在役装置建议措施应以采取工程措施为优先。（　　）

（4）设计阶段建议措施应以采取工程措施为优先。（　　）

（5）对于HAZOP分析会上无法明确的建议措施，暂时无条件开展的部分，或不适合应用HAZOP方法分析的部分，可提出开展下一步工作的建议。（　　）

（6）一条好的建议措施应：能消减风险；具有针对性、技术可行性、经济合理性。针对成本、时间的考虑，应由管理层进行平衡。（　　）

（7）在HAZOP分析过程中，如果现有安全措施足以将事故剧情的风险降低到可接受的水平，HAZOP分析团队也应提出必要的建议措施。（　　）

续表

3. 根据提示框补全离心泵单元装置液位过高事故剧情建议措施相关内容。 在建议新的安全措施前，HAZOP 分析团队应首先（　　）。并不是所有的事故剧情都需要提出（　　），一般来讲，只有当分析团队认为在实施了（　　）之后，剩余风险仍然超过（　　）时，才考虑建议措施。 例如 HAZOP 分析软件中原料缓冲罐 V101 液位过高事故剧情，现有的安全措施已将风险降至可接受程度，故（　　）再提出建议措施降低风险。 选项：【建议措施】【现有安全措施】【不需要】【可接受标准】【审查风险】

【任务反馈】

简要说明本次任务的收获、感悟或疑问等。

1 我的收获

2 我的感悟

3 我的疑问

【项目综合评价】

姓名		学号		班级	
组别		组长及成员			
	项目成绩：		总成绩：		
任务	任务一	任务二	任务三	任务四	任务五
成绩					
任务	任务六	任务七	任务八	任务九	
成绩					

续表

自我评价		
维度	自我评价内容	评分
知识	1. 了解 HAZOP 分析特征，掌握“参数优先”顺序的 HAZOP 分析基本步骤（5 分）	
	2. 了解 HAZOP 分析节点划分方法及划分原则（5 分）	
	3. 了解 HAZOP 分析设计意图描述要求（5 分）	
	4. 了解偏离的组成，掌握常见引导词及参数（5 分）	
	5. 了解后果识别要求、掌握事故后果分类（5 分）	
	6. 了解原因识别要求及常见原因分类，掌握引发事故的初始原因及原因发生频率（5 分）	
	7. 了解安全措施类别及安全措施优先选择原则（5 分）	
	8. 了解风险矩阵评估方法、原因发生频率表及事故后果严重性等级表（5 分）	
	9. 了解建议措施概念及分类，掌握建议措施提出要求（5 分）	
能力	1. 能划分离心泵单元的 HAZOP 分析节点，并能够完成离心泵单元各节点的描述（5 分）	
	2. 能够描述离心泵单元各节点的设计意图（5 分）	
	3. 能够辨识具体性参数、概念性参数及离心泵单元确定的有意义的偏离（5 分）	
	4. 能够辨识环境影响后果、职业健康后果、财产损失后果及声誉影响后果（5 分）	
	5. 能够辨识出离心泵单元引发事故的初始原因及原因发生频率（5 分）	
	6. 能够辨识安全措施类别，能够识别出离心泵单元现有安全措施（5 分）	
	7. 能够认知风险矩阵、原因发生频率、事故后果严重性等级、事故剧情风险等级（5 分）	
素质	1. 在执行任务过程中，具备较强的沟通能力，严谨的学习态度（5 分）	
	2. 执行任务时，注重小组配合，具备团队合作意识和沉着冷静的心理素质（5 分）	
	3. 在完成任务过程中，建立危害辨识与风险管控的思维（5 分）	
	4. 主动思考 HAZOP 分析方法的重难点，积极探索任务执行过程中的创新方法（5 分）	
总分		
我的反思	我的收获	
	我遇到的问题	
	我最感兴趣的部分	
	其他	

【项目扩展】

一、企业安全生产与 HAZOP 分析

1. 企业存在多种事故隐患

企业生产运行阶段存在的事故隐患往往是多因素的。如果没有实施严格的工艺过程安全管理，存在事故隐患的可能性更大。导致事故隐患的主要因素有如下几方面：

❶ 工艺路线的固有安全性低。原料或产品剧毒且易燃易爆；工艺过程高温高压；设备耐压级别低；设备材料防腐性能差等。这些情况与当初设计和建设的指导思想有关。这是危险隐患居首的一类装置，因为此类缺陷无法靠常用的安全措施补救。

❷ 装置运行历史长久，经历过多次技术改造。例如：生产规模多次扩展；工艺条件反复改变；管路和设备改变；原料路线改变等。对于这些改变，没有实施规范的变更管理，导致对潜在的事故隐患心中无数，因而无法做到预防在先。

❸ 企业采取的安全措施不够，没有对预测到的潜在重要危险尽可能施加防护。大部分的潜在危险没有任何防护措施。或者，即使设置了安全措施，但是安全措施的防护效果不足，在使用中检验、维护和更新不足，也不能保证将风险控制在要求的范围以内。

❹ 自动控制水平较低。危险工况的识别、报警和紧急状态的处理等全部由人工来完成，而操作人员的技术水平和经验又不足。

❺ 操作规程和维修规程不完善。由相关调查表明，50% ～ 90% 的事故发生在开停车、故障处理、非正常工况、采样、更换催化剂、不正确的维修等过程之中。这种情况在中小化工企业中较为普遍。

❻ 操作人员水平不高，培训不够，考核不够，针对性的指导不够。企业缺乏对人为因素导致事故的认识和有效措施。

❼ 从未进行过系统的、全面的安全评价，不清楚生产运行装置到底存在什么危险、隐患。

❽ 执行安全标准与规范不落实，或没有执行新的安全标准和规范。

❾ 不了解安全技术的发展，缺乏应用先进安全技术的理念。

除了以上 9 种导致危险事故隐患的因素，企业过程安全管理松懈，缺乏系

统、全面的安全管理，没有建立企业安全文化，企业管理人员和员工的安全意识淡薄等也是导致危险事故隐患的重要因素。

2. 实施 HAZOP 分析的必要性

引发危险事故的原因具有多样性，且发生危险事故的可能性无处不在，无时不有，传统安全设计技术存在缺陷。因此，处于生产运行阶段的企业存在多种事故隐患，一旦人员识别和控制不到位，就会引发严重的安全事故。历史惨痛的教训使人们意识到：必须在事故发生之前识别出潜在危险。如果能够预先识别出问题所在，就能防止事故的发生。

HAZOP 分析方法就是得到全世界广泛认可的且有效的危险分析方法之一，是企业排查事故隐患、预防重大事故、实现安全生产的重要手段。HAZOP 分析方法，可以系统有效地通过某一节点对工艺系统中存在的潜在风险进行分析，必要时提出建议措施，使风险降至企业可接受范围，为后续的控制和管理提供指导。

HAZOP 分析可以帮助企业准确地识别潜在的事故原因；帮助设计人员找到设计方案中的缺陷，并且提出安全措施建议，从设计方案上降低工艺系统的风险。

HAZOP 分析可以帮助生产运行的企业系统全面地查找潜在事故隐患，识别现有安全措施是否足够，提出建议措施预防潜在事故；此外还能帮助修正操作规程中的缺陷，是企业排查事故隐患、预防重大事故的一种重要方法。

在世界范围内，HAZOP 分析已经被化工和工程建设公司视为确保设计和运行完整性的标准设计惯例。很多国家要求将 HAZOP 分析（也包括多种工艺危险分析方法）作为预防重大事故计划的一个重要部分。

二、HAZOP 分析团队成员的素质、能力和经验

HAZOP 分析团队成员的组成和团队成员的素质、能力与经验，对于 HAZOP 分析工作质量有很大的影响。一个合格的 HAZOP 分析团队，应包括所需的各专业的人员，且每个成员在各自的专业领域有较丰富的经验。HAZOP 分析团队成员应当经过 HAZOP 分析专业培训，尽可能具有多次参加 HAZOP 分析项目的经验。

HAZOP 分析团队成员的素质、能力和经验主要体现在：运用“头脑风暴”方法识别潜在事故危险的能力；利用 HAZOP 分析方法准确地识别可能的、符合实

际的和起主导作用的偏离、原因、后果和提出相关安全措施的能力；在评估识别出的危险和提出建议措施时坚持实用、适度和切实可行的能力等方面。

HAZOP 分析团队成员应当尽可能具备如下的知识和经验：

❶ 扎实的工程原理知识。例如：化工原理、机械原理、材料和设备结构原理、工艺操作原理等。

❷ 丰富的工程实践知识和经验。例如：对常见化工事故的了解和经验；熟悉管路设备结构及其故障原因与影响；熟悉操作规程和维修规程；熟悉非正常操作和事故处理；熟悉常见安全措施效能、结构和使用原理；熟悉仪表与控制系统；熟悉安全标准、规范等。

❸ 系统化与结构化分析危险的方法和经验。例如：熟悉常用逻辑思维和推理判断方法；熟悉常用危险分析方法；对 HAZOP 分析原理和方法的准确把握；熟悉风险矩阵方法的实际应用；熟悉原因分析方法等。

如果要求 HAZOP 分析团队成员都具备以上列举的专业知识和经验是不现实的。因此，在选择 HAZOP 分析团队成员时应注意不同专业的搭配和优势互补。HAZOP 分析团队成员专业和能力结构的优化能够保证 HAZOP 分析团队整体拥有足够的知识和经验。

HAZOP 分析团队成员如果缺乏知识和经验，不了解危险事故的机理，则在 HAZOP 分析过程中可能无法识别某些事故。由于 HAZOP 分析团队对工厂中所有可能发生的事故现象不可能都有深入的知识和经验，当有经验的现场技术人员参与分析工作时，有助于识别该工厂的事故剧情。但是，不常见的事故现象和故障机制仍然可能识别不了。

即使 HAZOP 分析团队成员具有这样的知识和经验，他们还必须有能力将这些知识和经验用于正在进行的分析过程，并判断它们实际是如何发生的。如：当 HAZOP 分析团队成员对某些事故剧情没有经验时，人们会习惯性地倾向于判定事故剧情为不可信。然而，这种结论可能是错误的。有许多因素会影响到 HAZOP 分析团队成员对事故剧情的判定。具体如下：

❶ 人的本能（固有特性）。没有理由期望参与者都具有完美的素质和能力。人的能力会随着时间的推移产生波动，面对复杂的问题或重复繁琐的问题，人的能力会因疲劳、厌倦而下降。因而，这些因素会影响人识别事故的能力，特别是对于复杂的剧情。因此分析中可能会存在未被识别的剧情。

❷ 小事容易忽略。人们往往关注识别复杂剧情，然而大事故可能源于简单的剧情，事后看起来，可能是小事所引发。

❸ 信息超量，难以消化。HAZOP 分析团队可能无法消化所有的工艺过程信息。通常 HAZOP 分析团队了解过程信息是有一定限度的，了解 P&ID 是主要的。对于其他资料如自控设计资料、电气设计图、操作说明和设备说明书、相关的设计规范等等，HAZOP 分析团队成员不可能都掌握。

❹ 对安全性的理解不足而产生遗漏。对 HAZOP 分析团队碰到严重的、先前未知的潜在事故时，常常要重点讨论，花费大量时间。有时为了赶进度，可能把它拖到后面的过程分析中。这种转移的任务可能没有被审定而产生遗漏，尚未完成的过程分析也分散了当前分析的注意力。

❺ 不适当的类比导致错误。通常工艺过程中可能包括有部分是相似的甚至是相同的工艺过程。HAZOP 分析团队可能会推断它们的危险剧情应该是相同的，于是提供了一个交叉引用（参照）的结论，并且转向下一个项目的分析。这样，有时表面上较小的不同却可能导致其他事故的可能性未被识别。HAZOP 分析团队也可能发现了这种不同之处，但没有看出危险分析中有什么重要的意义。例如，两个完全相同的工艺管线，但一个有释放而另一个没有，其实差别是很大的。此外，管路周边三维环境情况不同，一旦发生管线失去抑制的事故，造成的后果严重程度也有很大差别。

❻ 剧情太复杂时可能会遗漏事故剧情。当一个危险序列中包括的事件很多时，其相互影响会变得很复杂，HAZOP 分析团队建立概念和识别事故剧情会变得更加困难，审定其可信的可能性就越小。例如，多分支管路设有多个阀门和管道布线，HAZOP 分析团队对其完全分析清楚会变得很困难。控制系统的问题也会因此变得复杂。HAZOP 分析团队可能勉强接受或甚至不知道他们不能全面了解该过程。这样，就可能遗漏事故剧情。

HAZOP 分析团队危险识别能力的提高，不但需要每一个 HAZOP 分析团队成员工程知识和实践经验的积累与发挥，而且需要 HAZOP 分析团队协作、优势互补和集体智慧的充分发挥。在 HAZOP 分析过程中，每一个 HAZOP 分析团队成员必须坚持严谨、细致、客观与实事求是的作风。这样，才能减少失误，保证 HAZOP 分析的质量。

为此，HAZOP 分析团队在实施 HAZOP 分析中还应注意如下原则：

❶ 在 HAZOP 分析会议中始终坚持 HAZOP 分析方法的各项要点与要领。

❷ 必须坚持集体智慧和优势互补的原则。如果由于各种原因造成的团队成员缺席而导致实际参加会议人数太少时，应当暂时休会。所有的问题应当通过全体成员讨论，关键成员必须参加所有的会议。

❸ HAZOP 分析团队主席应当在会议中坚持正确的引导，善于启发和发挥集体智慧。

项目七
HAZOP 分析文档跟踪

【学习目标】

知识目标

1. 了解 HAZOP 分析记录的方法和要求；
2. 掌握 HAZOP 分析报告的用途和内容；
3. 掌握 HAZOP 分析文档签署和存档要求；
4. 了解 HAZOP 分析后续跟踪内容及职责。

能力目标

1. 能识读 HAZOP 分析表；
2. 能识读 HAZOP 分析报告；
3. 能收集、整理、归档 HAZOP 分析技术资料；
4. 了解 HAZOP 分析后续跟踪内容及职责。

素质目标

1. 通过学习 HAZOP 分析文档，知晓 HAZOP 分析的重要性和规范性；
2. 通过跟踪 HAZOP 分析文档，增强安全意识、责任意识和细节意识。

【项目导言】

HAZOP 分析的主要优势在于它是一种系统、规范且文档化的方法。为从 HAZOP 分析中得到最大收益，应做好分析结果记录、形成文档并做好后续管理跟踪。HAZOP 分析主席负责确保每次会议均有适当的记录并形成文件。会议过程中由记录员 /HAZOP 分析秘书负责记录工作。HAZOP 分析报告是 HAZOP 分析讨论成果的载体，也是后续利用分析成果的依据。

【项目实施】

任务安排列表

任务名称	总体要求	工作任务单	建议课时
任务一 HAZOP 分析记录	通过该任务的学习，掌握 HAZOP 分析表的基本结构、记录方法和要求	7-1	1
任务二 HAZOP 分析报告认知	通过该任务的学习，掌握 HAZOP 分析报告的基本结构和要求	7-2	1
任务三 HAZOP 文档签署和存档	通过该任务的学习，掌握 HAZOP 分析文档签署和存档的基本要求	7-3	1
任务四 后续跟踪管理	通过该任务的学习，知道 HAZOP 分析后续跟踪的基本要求	7-4	1

任务一 HAZOP 分析记录

任务目标	1. 识读 HAZOP 分析记录表 2. 掌握 HAZOP 分析记录的方法和要求
任务描述	通过对本任务的学习，掌握 HAZOP 分析表的基本结构、记录方法和要求，为以后填写分析表奠定基础

【相关知识】

HAZOP 分析最主要的环节，是分析小组全体成员的互动讨论（类似于头脑风暴）。分析小组在讨论过程中，需要及时将相关的讨论结论记录在 HAZOP 分析记录表中，这一工作主要由 HAZOP 分析秘书完成。

HAZOP 分析会议采用表格形式记录，通常每个节点有一张独立的分析表格。不同的企业在开展 HAZOP 分析时，所采用的工作表可能略有差别，但主要的栏目通常大同小异。无论采用什么形式的记录表格，重要的是确保记录下所有必要信息。

一、HAZOP 分析记录表

在 HAZOP 分析记录表示例（图 7-1）中，上部是项目和节点的基本情况，包括项目名称、评估日期、节点编号、节点名称、节点描述、设计意图和图纸编号等。

项目名称	
评估日期	
节点编号	
节点名称	
节点描述	
设计意图	
图纸编号	

编号	参数 + 引导词	偏离描述	原因	后果	现有措施	S	L	R	建议项类别	建议项编号	建议项

图 7-1　HAZOP 分析记录表示例

项目名称是指新建项目的名称，或者在役装置的名称，例如“新建 #3 丙烯腈装置”。评估日期是指对本节点开展 HAZOP 分析的工作日期，例如“2021-11-18”。节点编号是指本节点的编号，例如“节点 2”“节点 100-3”。节点名称是指本节点的名称，通常是一个简短的名字，例如“氧化反应器 R-101”。节点描述是对本节点所包含的主要工艺系统的说明，通常会列出本节点所包含的一些主要设备，例如“氧化反应器系统，包括反应器 R-101 和反应尾气冷凝器 E-101”。设计意图是指本节点的工艺单元所需要达成的工艺目的，还可以在此处填写与工艺过程密切相关的一些重要工艺参数，例如“在反应器 R-101 内完成 X 与 Y 的氧化反应，设计温度 230℃、操作温度 180℃、设计压力 22MPa（G）、操作压力 1.6MPa（G）”。

HAZOP 分析工作表的主体部分通常包括“编号”“参数 + 引导词”“偏离描述”“原因”“后果”“现有措施”“S”“L”“R”“建议项类别”“建议项编号”“建议项”等。

1. 编号

在这一列中填写事故情景的编号。它可以是事故情景的顺序号，用阿拉伯数字 1、2、3 等来表示。最好写成 X-Y 的形式，这里的 X 是节点编号，Y 是本节点事故情景的序号。例如，编号“2-3”代表第 2 个节点中的第 3 种事故情景，编号“100-1-2”代表节点 100-1 中的第 2 种事故情景。这种记录方式可以确保 HAZOP 分析报告中的每一种事故情景的编号都是唯一的，而且便于查找事故情景。

2. 参数 + 引导词

这一列是参数与引导词的搭配。例如，“流量过小”“流量过大”“逆流”“压力过高”“液位过低”等。在实际的分析过程中，如果分析小组的经验足够丰富，通常不再需要临时去组合参数与引导词，而是自然而然地直接采用“没有流量”“流量过小”“流量过大”等描述偏离的词汇来开展分析，这类搭配表达的是一种笼统的偏离，为了工作方便，不妨将它们视为 HAZOP 分析广义上的“引导词”。

3. 偏离描述

这一列是对偏离的详细描述，是在“参数 + 引导词”的笼统偏离的基础上，对“偏离”进行更加详细和准确的描述。开展 HAZOP 分析时，只需要关心那些偏离正常工况的情形。在分析过程中，需要把已经识别出来的偏离的情形做详细描述，并记录在这一列里。例如，“从分离罐 V-101 经阀门 PV101 至储罐 V-102 没有流量”是典型的偏离描述，它是对“没有流量”这一偏离的详细说明。

4. 原因

这一列中记录的是导致事故情景的直接原因。事故的原因通常包括两种，一是直接原因，二是事故的根源。事故的根源都是管理上存在的某些缺陷，需要花费较多时间和努力、运用专业分析工具才能找出来（例如通过仔细取证后，可以运用故障树分析方法系统地开展事故根源分析）。在开展 HAZOP 分析时，只考虑造成事故情景的直接原因，包括设备或管道故障、仪表故障、失去公用工程、人的操作失误和外部原因等，如“阀门 PV101 故障开启”“操作人员开错进料阀门 HV201”等。

5. 后果

这一栏中记录事故情景的后果，包括安全健康环境相关的后果和对生产操作的影响。至少需要填写好与安全相关的后果，例如“分离罐 V-101 内压力升高甚至超压，易燃物料泄漏至大气，与空气混合形成爆炸性混合物，遇到引火源发生燃烧，形成喷射火，导致附近 1 ～ 2 名操作人员烧伤”。

6. 现有措施

这一列中逐个列出已经存在的安全措施。对于新建工艺装置，所谓的现有措施，是指那些已经体现在设计中的安全措施（已经记录在相关的设计图纸和文件中）。在役装置的现有措施，主要是指已经安装在现场的工程措施和已经存在的行政管理措施（例如，写入了操作规程的安全操作要求）。

7. 风险等级评估

❶ S：是事故情景后果的严重程度，通常用数字来表示，例如 1、2、3 等。

❷ L：是导致事故情景的后果的可能性。

❸ R：是事故情景的风险等级，它是由 S 和 L 所决定的。

8. 建议项类别

此列中列出建议项的类别，通常包括“安全”“健康”“环境”“生产”等类别。如果所提出的建议项是为了安全目的，则其类别是“安全”；如果是为了减少环境影响，则其类别是“环境”；依此类推。

9. 建议项编号

每一条建议项都有一个自己的编号，便于查阅及跟踪落实编号。编号可以是自然顺序号，例如 1、2、3 等。比较好的方式是采用“X-Y”的形式，其中 X 是节点编号，Y 是本节点中建议项的顺序号。例如建议项的编号是“3-2”，代表这是第 3 个节点中的第 2 条建议项。这样既便于查找建议项，也可以确保整个 HAZOP 分析报告中的每一条建议项都有各自唯一的编号。

10. 建议项

此列中记录分析小组提出的建议意见。

二、HAZOP 分析表的记录方法和要求

HAZOP 分析记录表应记录所有有意义的偏差。在讨论这些偏差时，HAZOP 分析秘书应完整记录与会者达成共识、取得一致意见的所有信息，包括每个偏差产生的原因及后果、风险类别、安全措施、建议措施等。

HAZOP 分析表的常用记录方法有以下两种。

1. 原因到原因记录法

在原因到原因的方法中，原因、后果、现有安全措施、建议之间有准确的对应关系。分析组可以找出某一偏离的各种原因，每种原因对应着某个（或几个）后果及其相应的现有安全措施，如表 7-1 所示。这种记录方法的特点是分析准确、歧义少。

表 7-1　原因到原因的 **HAZOP** 分析记录表

偏离	原因	后果	现有安全措施	建议
偏离 1	原因 1	后果 1 后果 2	现有安全措施 1 现有安全措施 2 现有安全措施 3	不需要
	原因 2	后果 1	现有安全措施 1	建议措施 1
	原因 3	后果 2	无	建议措施 2

2. 偏离到偏离记录法

在偏离到偏离的方法中，所有的原因、后果、现有安全措施、建议都与一个特定的偏离联系在一起，但该偏离下单个的原因、后果、现有安全措施之间没有关系。因此，对某个偏离所列出的所有原因并不一定产生所列出的所有后果，即某偏离的原因 / 后果 / 现有安全措施之间没有对应关系。用偏离到偏离记录方法得到的 HAZOP 分析文件表，需要读者自己推断原因、后果、现有安全措施及建议之间的关系，如表 7-2 所示。这种记录方法的特点是省时、文件简短。

表 7-2　偏离到偏离的 **HAZOP** 分析记录表

偏离	原因	后果	现有安全措施	建议
偏离 1	原因 1	后果 1 后果 2	现有安全措施 1	建议措施 1 建议措施 2
	原因 2		现有安全措施 2	
	原因 3		现有安全措施 3	

无论采用哪种 HAZOP 分析记录方法，记录的信息都应符合以下要求：

❶ 应分条记录每一个危险与可操作性问题。

❷ 应记录所有的危险和可操作性问题产生的原因，以及不考虑系统中现有安全措施的情况下所能导致的最终事故后果。应记录分析团队提出的需会后研究的每个问题以及负责答复这些问题的人员姓名。

❸ 应采用一种编号系统以确保每个危险、可操作性问题、疑问和建议等有唯一的标识。

❹ 分析文档应存档以备需要时检索。

【任务实施】

学生将通过该任务，掌握 HAZOP 分析记录表的结构、方法和要求（工作任务单 7-1）。

要求：1. 按授课教师规定的人数，分成若干个小组（每组 5 ～ 7 人）。

2. 完成后，以小组为单位向全体分享。

3. 时间在 30min 内，成绩在 90 分以上。

工作任务一　HAZOP 分析记录　编号：7-1		
考查内容：HAZOP 分析记录表的结构、方法和要求		
姓名：	学号：	成绩：

1. HAZOP 分析工作表的主体部分通常包括哪些内容？

2. HAZOP 分析表的常用记录方法有哪些？

【任务反馈】

简要说明本次任务的收获、感悟或疑问等。

1 我的收获

2 我的感悟

3 我的疑问

任务二 HAZOP分析报告认知

任务目标	1. 掌握 HAZOP 分析报告的用途 2. 掌握 HAZOP 分析报告的内容
任务描述	通过对本任务的学习，掌握 HAZOP 分析报告的用途和内容，为后续编制分析报告奠定基础

【相关知识】

一、HAZOP 分析报告的用途

在 HAZOP 分析报告中，包含了已经识别的所有事故情景、造成这些事故情景的原因、现有措施、风险评估结论和分析小组提出的建议项。企业可以在以下几个方面充分使用此分析报告。

1. 改进工艺设计与操作方法

无论是对于新建工艺装置还是在役工艺系统，都可以通过落实分析报告中的建议项来改进工艺设计与操作方法。HAZOP 分析报告是改进工艺设计的重要依据。

❶ 对于新建项目，设计人员可以参考分析报告中的建议项修改设计。通常可以参考该报告直接修改当前设计。如果根据建议项局部重新设计，要对重新设计的部分再次开展过程危害分析。

❷ 对于在役工艺系统，可以参考分析报告改变当前的某些设计、安装或操作方法。在改变已经安装的工艺系统时，应遵守企业的变更管理制度。

2. 帮助操作人员加深对工艺系统的认知

对于操作人员，无论是工程师还是一线操作员，对自己负责的工艺系统应该有深刻的认知。其中一项重要内容，是掌握工艺系统在异常工况下可能导致的事故情景及其对策。

HAZOP 分析工作表是分析报告的主要组成部分，它是表格形式，简单易读、条理清晰。没有参与 HAZOP 分析的生产操作人员、维修人员和其他管理人员，通过阅读分析报告，就能了解工艺系统中可能出现的各种异常的工况、相关事故情景及安全措施，加深对工艺系统的认知。

3. 完善操作程序和维修程序

在HAZOP分析过程中，有时会对一些特殊操作提出具体的改进要求，例如，对一些很重要的操作要求双人复核、要求在操作过程中特别关注某个重要参数的变化情况、对操作的完成情况进行专项确认或验证、改变某个操作步骤的先后顺序等。有时，还会建议将某些关键设备、阀门或控制回路纳入工厂预防性维修计划的关键设备清单。在编制新建工艺装置的操作程序和维修程序时，可以参考HAZOP分析报告中的这些建议项。对于在役工艺系统，可以根据分析报告中的要求修订操作程序和维修程序，并培训受影响的员工。

4. 充实操作人员的培训材料

操作人员需要接受不同层级的培训，包括入厂的基本安全知识培训、本部门或本装置的培训和岗位培训等。在这些培训中，本岗位操作法和应急操作是操作人员应该接受的最重要的培训内容。在编制操作人员的岗位培训材料时，应该在培训内容中包含本岗位可能出现的主要事故情景、已有安全措施以及异常情况下的正确应急操作方法等。在HAZOP分析报告中，包含工艺系统中各种具体的事故情景，是充实上述培训材料的最佳素材。

5. 编制专项应急处置预案

专项应急处置预案是工厂应急反应系统中的重要组成部分，它应该明确和具体，不能太笼统。

为工艺系统编制专项应急处置预案时，需要先识别该工艺系统中可信的、后果较严重的事故情景，然后针对每一种值得关心的事故情景，形成针对性的、具体的处置方案。例如，针对某种事故情景，列出在应急情况下各相关方应该采取的行动、采取这些行动所需的工具物资和个人防护用品、应急反应时的注意事项等。

HAZOP分析已经识别了所有值得关心的、可信的事故情景，因此，可以参考分析报告，从中挑选出那些值得关心的后果较严重的事故情景，为它们编制针对性的专项应急处置预案。

6. 开展过程危害分析复审

在首次HAZOP分析完成后，每隔若干年，需要对此前完成的HAZOP分析重新进行有效性确认（即进行复审），它是开展过程危害分析复审的重要组成部分。

工厂应该保存好 HAZOP 分析报告，并作为下次过程危害分析复审的基础。反之，如果没有此前的分析报告，复审就难以进行，不得不重新开展分析工作，造成不必要的资源浪费。

7. 符合法规要求

对于高风险的工艺装置，法规要求编制 HAZOP 分析报告是企业开展了 HAZOP 分析的书面证据，也是满足法规要求的证明材料。

二、HAZOP 分析报告的内容

HAZOP 分析报告应该包含一些基本的内容，具有较好的完整性。HAZOP 分析报告一般包括以下部分。

1. 封面和目录

在封面中通常包括企业名称、项目名称、报告版本号、报告编制日期和报告编制者等信息。目录中包括报告各章节及附件的标题及页码。

2. 综述

分析报告的第一部分，通常是对整个分析工作的综述，说明项目的背景、开展项目的过程简述和提出的建议项概况等。

3. 目的及范围

说明开展本次 HAZOP 分析的目的和工作范围。应该清楚地说明分析工作所覆盖的工艺单元。如果是对在役工艺系统的某个部分开展分析，为了避免混淆，有时也可以说明哪些工艺单元不属于本次分析的范畴。

在一些专业机构（如咨询公司）提供的报告中，通常还会有免责条款，说明其所承担的责任范围。

4. 分析小组

在报告中，需要说明分析小组成员的基本情况，包括成员的姓名、所在单位或部门所代表的专业，以及参与了哪些节点的讨论（或者是在哪些日期参加了分析讨论）。

小组成员每天参与分析讨论后，通常应在签到表上签名。小组成员签过名的签到表会附在分析报告里。

5. 分析方法说明

在分析报告中，应该阐明本次 HAZOP 分析的方法。例如，应该说明

HAZOP 分析的基本过程、所采用的引导词、所依据的风险矩阵表、HAZOP 分析记录表中各栏目的含义以及所使用的主要过程安全信息等。

6. 执行分析过程的说明

需要简单说明 HAZOP 分析的执行过程。如果是分成几个阶段完成，需要说明各个阶段的日期及工作地点。

7. 附件

附件是HAZOP分析报告的主要组成部分。通常至少应该包括建议项汇总表、详细分析记录表、风险矩阵表、简单的工艺描述、分析所使用的图纸（在图上标出各个节点）等。

还可以包括落实建议项前后各事故情景的风险分布图、设施布置分析记录表、人为因素分析记录表、以往事故回顾记录表、自动阀门故障模式分析记录表、关键化学品的 MSDS 文件、分析小组成员签到表和组长的个人简历等。

【任务实施】

学生将通过该任务，掌握 HAZOP 分析报告的用途和内容结构（工作任务单 7-2）。

要求：1. 按授课教师规定的人数，分成若干个小组（每组 5 ～ 7 人）。

2. 完成后，以小组为单位向全体分享。

3. 时间在 30min 内，成绩在 90 分以上。

<table>
<tr><th colspan="3">工作任务二　HAZOP 分析报告认知　编号：7-2</th></tr>
<tr><td colspan="3">考查内容：HAZOP 分析报告的用途和内容</td></tr>
<tr><td>姓名：</td><td>学号：</td><td>成绩：</td></tr>
<tr><td colspan="3">1. HAZOP 分析报告只能用于在役工艺装置。（　　）
A. 正确　　　　B. 错误
2. 在编制专项应急处置预案时，可以参考该装置的 HAZOP 分析报告。（　　）
A. 正确　　　　B. 错误
3. HAZOP 分析报告的附件，一般应该包括建议项汇总表、________、________、简单的工艺描述、分析所使用的图纸。</td></tr>
</table>

【任务反馈】

简要说明本次任务的收获、感悟或疑问等。

1 我的收获

2 我的感悟

3 我的疑问

任务三 HAZOP 文档签署和存档

任务目标	1. 掌握 HAZOP 分析文档签署要求 2. 掌握 HAZOP 分析文档存档要求
任务描述	通过对本任务的学习，熟悉 HAZOP 分析文档签署和存档的要求

【相关知识】

分析报告应该妥善存档，便于日常使用和方便今后的复审。通常，分析报告的存档年限不应该少于过程危害分析复审的两个周期。

一、HAZOP 文档签署

HAZOP 分析报告初稿完成后，应分发给 HAZOP 分析团队成员审阅，HAZOP 分析主席根据团队成员反馈意见进行修改。修改完毕，经所有成员签字确认后，提交给项目委托方、后续行动 / 建议的负责人及其他相关人员。终版的分析报告一般要经业主书面认可。

二、HAZOP 文件存档

应该妥善保存 HAZOP 分析报告（包括书面存档）。鉴于国内《化工企业工艺安全管理实施导则》（AQ/T 3034—2010）中要求的复审周期是 3 年，即每隔 3 年需要开展一次复审，因此至少应该将分析报告保存 3 年，最好保存 6 年（即两个复审的周期）。在美国，根据美国 OSHA PSM 的要求，应该将分析报告保存 10 年（OSHA PSM 要求的复审周期是 5 年）。

至少应该将一份书面分析报告保存在企业的档案室，该报告中应该包括分析时所使用的 P&ID 图纸（在这些图纸上标出了各个节点）。在落实 HAZOP 分析的建议项时，如果新增补充资料，补充资料应该与此前的分析报告存放在一起，以便在下一次复审时更新此报告。

在 HAZOP 分析后，会更新 P&ID 图纸，形成新的版本。在落实工程措施一类的建议项时，经常需要修订 P&ID 图纸。有一种做法是错误的，就是用新版的 P&ID 图纸替换分析报告中原来所附的图纸，这样一来，就很难再读懂此报告。例如，原来的 P&ID 图上有一个阀门，根据 HAZOP 分析建议取消它，所以在新版的 P&ID 图纸中已经不存在了。如果将新版 P&ID 图纸附在原来的分析报告中，用户在阅读这份报告时，就找不到上述阀门。

此外，充分利用 HAZOP 分析报告才能发挥它存在的意义。用户应该可以方便地获取和使用此分析报告，例如，有些企业会将一份书面的 HAZOP 分析报告放在中央控制室里，便于取用，是不错的方式。

【任务实施】

通过任务学习，了解 HAZOP 分析文档签署、关闭和存档要求（工作任务单 7-3）。

要求：1. 按授课教师规定的人数，分成若干个小组（每组 5 ～ 7 人）。

2. 完成后，以小组为单位向全体分享。

3. 时间在 30min 内，成绩在 90 分以上。

工作任务三　HAZOP 文档签署和存档　编号：7-3		
考查内容：HAZOP 分析文档签署和存档要求		
姓名：	学号：	成绩：

1. HAZOP 分析结束，HAZOP 分析报告可由 HAZOP 分析主席进行审核并作为代表进行签字。(　　)

A. 正确　　B. 错误

2. 根据国内《化工企业工艺安全管理实施导则》，HAZOP 分析存档一般至少保存______个复审周期，也就是______年，最好保存______个复审周期。

【任务反馈】

简要说明本次任务的收获、感悟或疑问等。

1 我的收获

2 我的感悟

3 我的疑问

任务四　后续跟踪管理

任务目标	了解 HAZOP 后续跟踪的职责
任务描述	通过对本任务的学习，知晓 HAZOP 分析的后续跟踪的职责

【相关知识】

完成了 HAZOP 分析和相关的文档工作，仅仅是完成了 HAZOP 分析项目一半的工作。只有 HAZOP 分析的后续跟踪落实工作完成了，才标志着 HAZOP 分析项目的完成，才能体现 HAZOP 分析工作的价值。

严格上讲，后续跟踪的工作并不属于 HAZOP 分析团队的工作范畴（HAZOP 分析的工作范围通常止于正式分析报告的提交）。HAZOP 分析主席没有权限确保 HAZOP 分析团队的建议能得到执行，有权限的是所分析项目的项目经理和企业管理层。

项目委托方应对 HAZOP 分析报告中提出的建议措施进行进一步的评估，并及时做出书面回复。对每条具体建议措施选择可采用完全接受、修改后接受或拒绝接受的形式。如果修改后接受或拒绝接受建议，或采取另一种解决方案、改变建议预定完成日期等，应形成文件并备案。此后，定期跟踪、核实建议措施的落实情况。

出现以下条件之一，可以拒绝接受建议：

❶ 建议所依据的资料是错误的；

❷ 建议不利于保护环境、保护员工和承包商的安全和健康；

❸ 另有更有效、更经济的方法可供选择；

❹ 建议在技术上是不可行的。

在落实建议项期间，如果发现有些建议项不符合实际情况，难以落实，或者有更好的替代方案，不打算落实分析报告中提出的建议项，则必须对相关的事故情景重新分析，并形成书面材料，说明拒绝落实建议项或采用替代方案的理由，并经相关负责人批准。形成的书面文件与原过程危害分析报告一起存档。

在落实 HAZOP 分析的建议措施过程中，可能会发生工艺过程或设备的变更，那么就要根据企业的变更管理制度，启动变更管理程序。项目经理应考虑再召集原 HAZOP 分析团队或另外一个 HAZOP 分析团队针对变更再次分析，以确保不会出现新的危险与可操作性问题或维护问题。

值得注意的是，很多化工事故就是由于 HAZOP 分析的建议措施迟迟得不到落实造成的。因此，要强化 HAZOP 分析建议措施的跟踪管理。

【任务实施】

通过任务学习，知道 HAZOP 分析的后续跟踪的职责（工作任务单 7-4）。

要求：1. 按授课教师规定的人数，分成若干个小组（每组 5 ～ 7 人）。

2. 完成后，以小组为单位向全体分享。

3. 时间在 30min 内，成绩在 90 分以上。

工作任务四　后续跟踪管理　编号：7-4			
考查内容：HAZOP 分析的后续跟踪和职责			
姓名：	学号：	成绩：	

1.（多选）在 HAZOP 分析报告中出现（　　）情况可以拒绝接受建议。

A. 建议所依据的资料是错误的　　B. 落实建议的工程措施所需要成本较高

C. 建议不利于保护环境、保护员工和承包商的安全和健康

D. 建议会增加生产和管理成本　　E. 有更有效、更经济的方法可供选择

F. 建议措施在技术上不可行

2. 项目委托方可以对 HAZOP 分析报告中提出的建议措施进行评估，对每一条具体建议措施选择________接受、________接受或________接受的形式。

3. HAZOP 分析报告完成后，HAZOP 分析任务就全部完成了。（　　）

A. 正确　　　B. 错误

【任务反馈】

简要说明本次任务的收获、感悟或疑问等。

1 我的收获

2 我的感悟

3 我的疑问

【项目综合评价】

<table>
<tr><td>姓名</td><td></td><td>学号</td><td></td><td>班级</td><td></td></tr>
<tr><td>组别</td><td></td><td>组长及成员</td><td colspan="3"></td></tr>
<tr><td colspan="6">项目成绩：　　　　总成绩：</td></tr>
<tr><td>任务</td><td>任务一</td><td>任务二</td><td>任务三</td><td colspan="2">任务四</td></tr>
<tr><td>成绩</td><td></td><td></td><td></td><td colspan="2"></td></tr>
<tr><td colspan="6">自我评价</td></tr>
<tr><td>维度</td><td colspan="4">自我评价内容</td><td>评分</td></tr>
<tr><td rowspan="4">知识</td><td colspan="4">1. 知道 HAZOP 分析记录的方法和要求（10 分）</td><td></td></tr>
<tr><td colspan="4">2. 掌握 HAZOP 分析报告的用途和内容（10 分）</td><td></td></tr>
<tr><td colspan="4">3. 掌握 HAZOP 分析文档签署和存档要求（10 分）</td><td></td></tr>
<tr><td colspan="4">4. 知道 HAZOP 分析后续跟踪内容及职责（10 分）</td><td></td></tr>
<tr><td rowspan="4">能力</td><td colspan="4">1. 能识读 HAZOP 分析表（10 分）</td><td></td></tr>
<tr><td colspan="4">2. 能识读 HAZOP 分析报告（10 分）</td><td></td></tr>
<tr><td colspan="4">3. 能收集、整理、归档 HAZOP 分析技术资料（10 分）</td><td></td></tr>
<tr><td colspan="4">4. 能进行 HAZOP 分析后续跟踪（10 分）</td><td></td></tr>
<tr><td rowspan="2">素质</td><td colspan="4">1. 通过学习 HAZOP 分析文档，知晓 HAZOP 分析的重要性和规范性（10 分）</td><td></td></tr>
<tr><td colspan="4">2. 通过跟踪 HAZOP 分析文档，增强安全意识、责任意识和细节意识（10 分）</td><td></td></tr>
<tr><td colspan="5">总分</td><td></td></tr>
<tr><td rowspan="4">我的反思</td><td colspan="2">我的收获</td><td colspan="3"></td></tr>
<tr><td colspan="2">我遇到的问题</td><td colspan="3"></td></tr>
<tr><td colspan="2">我最感兴趣的部分</td><td colspan="3"></td></tr>
<tr><td colspan="2">其他</td><td colspan="3"></td></tr>
</table>

【项目扩展】

HAZOP 分析报告是一份非常正式的文件，如果不幸发生事故，它会成为一份法律文件。另外，它又不是完全意义上的受控文件（过于严格控制此文件，会妨碍正常的使用，甚至失去编制它的意义），会被不同的人广泛使用，这一点对保护企业的商业机密提出了挑战。

在编写分析报告时，可以参考以下注意事项。

1. 报告的内容要准确、清晰

准确性是编写 HAZOP 分析报告的基本要求。HAZOP 分析报告是给用户使用的，清晰表达才能避免用户误解。报告中涉及的工艺参数应尽量准确，设备位号、阀门和仪表应尽量使用位号表示，对事故情景的描述应表达清楚、逻辑明晰。

2. 应便于后续使用

在开车前安全审查等阶段，需要利用 HAZOP 分析报告，来确认所要求的安全措施是否已经完成。因此，最好将每一条现有措施和建议项分行列出，便于后续的跟踪落实。

3. 建议项应该可以执行和度量

考虑到后续落实以及落实确认，建议项应该包含足够信息，并且清晰，容易理解；还必须是有效的，可以执行和可以度量的。例如，“提高员工的硫化氢安全意识”这样的建议项，就难以度量，也很难衡量它是否已经落实到位了。相反，“在新员工的入职培训材料中，增加硫化氢危害的培训内容”是可以执行和度量的建议项。

4. 避免包含敏感信息

HAZOP 分析报告发出后，可能会有很多不应该知道这些技术机密的人都使用它。在编写分析报告时，应该特别留意不要将敏感信息写进报告中，例如属于技术机密的工艺技术方案、关键参数、配方中的关键组分、需要保密的操作步骤等。根据企业保密的要求，在讨论过程中，通常应该坚持“只索取必须用到的信息资料”这一原则。如果必须写入涉及技术机密的内容，应该尽可能采用代码或模糊处理等方式，以防泄密给企业带来损失。

HAZOP 分析的报告初稿完成后，应分发给 HAZOP 分析团队成员审阅，HAZOP 分析主席根据团队成员反馈意见进行修改。修改完毕，经所有团队成员签字确认后，提交给项目委托方、后续行动 / 建议的负责人及其他相关人员。对于一个比较简单的化工过程，HAZOP 分析后制作报告的时间需要 2 ～ 6 天；对于一个比较复杂的化工过程，HAZOP 分析后制作报告的时间需要 2 ～ 6 个星期。

如果使用 HAZOP 分析计算机软件，一般会节省一些制作报告的时间。

最终报告副本提交给哪些人员取决于公司的内部政策或规章要求，但一般应包括项目经理、HAZOP 分析主席以及后续行动 / 建议的负责人。

【行业形势】

HAZOP 分析与工匠精神

从本篇内容可以看出，HAZOP 分析对各项工作细节要求很高，不论是 HAZOP 分析范围的界定，还是 HAZOP 分析的准备，不论是偏离确定，还是后果识别以及文档跟踪等，都需要一丝不苟、认真完成，其中体现的是精益求精的工匠精神。

工匠精神是中华民族优秀品质传承中的一部分，承载着爱岗敬业、精益求精、报国奉献的丰富内涵，是我国在短短几十年里跃升为世界制造业大国的重要保障，也是未来成为世界制造业强国的有力支撑。根据中国化工教育协会针对全国石油和化工行业企业人力资源情况的一项调研显示，企业对员工各项素质的要求中，排在首位的并不是生产操作技能，而是体现工匠精神的敬业精神、责任心和劳动安全保护意识等。

HAZOP 分析与工匠精神的案例体现如下。

案例 1
江苏响水“3・21”
爆炸事故

案例 2
应用 HAZOP
分析的成功案例

从以上案例可以看出，HAZOP 分析需要对每个项目认真对待，这是牵涉到千千万万危化企业从业人员生命安全的大事，不容马虎。在实行 HAZOP 分析中，要怀着敬畏之心，充分发扬工匠精神，对每个项目的分析工作认真对待，通过分析，可以更深层次地理解装置工艺，有效提升装置在设计上的安全水平。

在学习过程中，**我们既要学习“基础知识”，也要学习“行业通用知识”**，在知识和技能学习的同时加强自身的职业素养；还要**结合化工行业的实际，加强安全知识学习，了解企业文化，强化对化工的正面理解，从而有正确的择业观与就业观，增强对所从事化工职业的事业心和责任心。**同时，要重点培养自身的实际操作能力，在实践中领悟理论知识的能力、适应工作环境的能力、计算机操作的能力、对突发事件的处理能力及组织管理能力等。

应用篇

项目八
HAZOP 分析中风险矩阵的应用

【学习目标】

知识目标

1. 了解风险的含义；
2. 了解风险矩阵的构成；
3. 了解HAZOP分析中风险矩阵的使用。

能力目标

1. 能够清晰描述出风险的含义；
2. 会在HAZOP分析中使用风险矩阵。

素质目标

1. 提高风险认知能力，建立风险构成的基本认知；
2. 知晓风险矩阵的使用，培养理论联系实际的能力。

【项目导言】

在日常生活中，我们有时会说“这样做很危险”“这种情况很危险”。如果我们将“危险”拆开，一个是“危”字，危害可与之对应；另一个是“险”字，风险可与之匹配。但危害与风险是两个完全不同的概念。

危害是能够导致负面影响的事物，可以是一个物体、一种现象、一类行为或一项化学品的物性。通常可以将危害分成物理危害、化学危害和生物危害等不同的类别。

例如：

- 地板上残留的水是一种危害，人踏上后可能滑倒，导致摔伤。
- 焊接产生的弧光是一种危害，裸眼看它，会伤害眼睛。
- 噪声也是一种危害，长时间暴露在超标噪声环境里，会造成听力损伤。

只要有危害存在，就意味着有可能导致人们不愿意见到的某些负面影响或后果。有危害就可能带来风险。

【项目实施】

任务安排列表

任务名称	总体要求	工作任务单	建议课时
任务一 认识风险和风险矩阵	通过该任务的学习，掌握风险的基本概念及风险矩阵的应用	8-1	1
任务二 后果严重等级分类与分级	通过该任务的学习，掌握后果严重等级分类及分级	8-2	1
任务三 初始事件频率的确定	通过该任务，能确定初始事件的频率	8-3	1
任务四 危险剧情的风险确定	通过该任务，理解独立保护层并能确定危险剧情的风险	8-4	1

任务一 认识风险和风险矩阵

任务目标	1. 理解风险 2. 能识别离心泵单元可能出现的风险 3. 理解风险矩阵及应用
任务描述	通过 HAZOP 仿真软件的应用，根据 MSDS 等文件以及工艺流程资料（如 P&ID 图纸）分析可能存在的风险

【相关知识】

一、风险

风险为某一特定危险情况发生的可能性和后果严重度的组合。

涉及危险化学品的工艺装置或单元，总会存在某些过程危害。这些危害通常来自两个方面，一是所涉及的化学品的危害，二是工艺流程本身具有的危害。过程危害是指生产过程或工艺系统中存在的化学条件或物理条件，它们能导致人员伤害、财产损失或环境损害。

本书中讨论的危害仅限于过程危害。

化学品的危害是其所固有的特性，是化学品与生俱来的。只要涉及某种化学品，就需要面对其所具有的特定的危害。例如：

❶ 氢气易燃，工艺系统中如果用到氢气，就需要面对氢气易燃的特性。

❷ 氯气有毒，氯气的毒性较大，ACGIH 确定的 8h 时间加权暴露平均值（TWA）是 0.5L/L；NIOSH 确定的立即威胁生命和健康浓度（IDLH）是 10L/L。如果工艺过程中涉及氯气，就需要考虑它的毒性危害。

❸ 硫酸有腐蚀性，皮肤或眼睛接触到硫酸，会遭受化学品烧伤。使用硫酸就不得不考虑它的腐蚀危害。

❹ 氧气能助燃，在富氧环境里（通常指氧气浓度超过 60% 的情形），更容易发生燃烧，引燃相同的可燃物，所需的引火能更小。碳钢、不锈钢这些金属材料在富氧环境里也能成为可燃物。对于运行过程中涉及富氧的工艺系统，必须考虑富氧助燃的危害。

❺ 原油会造成污染，原油进入水体，会造成污染而破坏环境。

在开展过程危害分析时，可以通过化学品相关的资料，了解工艺过程中所涉及的化学品的危害，化学品安全技术说明书（简称 MSDS）是识别化学品主要危害的重要途径。

来自工艺流程的危害比较复杂，它是由设备、管道和仪表的设计及操作运行方式所决定的。在工艺系统的详细设计中，有时候多一个阀门或少一个阀门，或者阀门的位置稍做改变，都可能产生新的危害。例如：

❶ 加氢反应，这类反应很常见，有些加氢反应的操作压力不超过 1.0MPa（G）（G 是指表压，下同），有些反应则超过 20MPa（G），两者危害的差异显而易见。

❷ 金属熔融，在熔融过程中，存在高温等危害。

❸ 可燃细粉料的处理，在化工和制药等行业，很多原料和产品以粉料的形式存在，在粉料加入工艺系统、干燥、筛分、输送和包装等环节，细颗粒的可燃粉尘（粒径小于或等于400μm）与空气混合，能形成爆炸性混合粉尘，存在粉尘爆炸的危害。

❹ 废气通过火炬燃烧，燃烧期间会形成热辐射，空气与可燃物在燃烧区域混合，存在发生爆炸的危害。

一个工艺系统，一旦确定了详细设计方案和操作方法，主要危害就相应存在了。设计或操作条件做些许调整，工艺流程中所具有的危害就可能有所不同。工艺流程带来的危害往往不是一目了然，需要通过深入细致的分析才能识别出来。工艺系统存在危害，并不会马上出现事故，而是要具有发生事故的基础条件。

由于化学品的某些危害会随组分、浓度、温度和压力等条件而改变。因此，化学品的危害与工艺流程的危害之间存在关联性。开展过程危害分析时，这两方面的危害都要识别、消除或控制。因此，化学品及工艺流程相关的资料是开展过程危害分析时所必需的基本信息，例如，在开展HAZOP分析时，需要事先获取相关危险化学品的资料（如化学品的MSDS文件）和工艺流程资料（如带控制点的管道仪表流程图，即P&ID图纸）。

二、风险矩阵

风险矩阵表（表8-1）是风险管理中通常使用的简便易行的风险表达工具，是一个通过后果严重程度（S）和事故发生的可能性（L）来确定风险级别的矩阵图。通过风险矩阵方法，将事故发生的可能性、后果影响的严重程度、风险三个因素均实现了分类和分级管理，有利于优化配置用于降低风险的企业资源。

表8-1　风险矩阵表

频率（概率）		后果				
		1. 轻微	2. 较重	3. 严重	4. 重大	5. 灾难性
1. 较多发生	10年1次（1×10^{-1}/年）	D	C	B	B	A
2. 偶尔发生	100年1次（1×10^{-2}/年）	E	D	C	B	B

续表

频率（概率）		后果				
		1. 轻微	2. 较重	3. 严重	4. 重大	5. 灾难性
3. 很少发生	1000 年 1 次（1×10^{-3}/ 年）	E	E	D	C	B
4. 不大可能	10000 年 1 次（1×10^{-4}/ 年）	E	E	E	D	C
5. 极不可能	100000 年 1 次（1×10^{-5}/ 年）	E	E	E	E	D

❶ 表中的 A、B 和 C 区域是风险不可接受区域，需要采取更多措施降低风险。如果是落在 A 区，说明内在风险过高，要考虑重新设计或对设计进行审查和修订；如果是落在 B 区，必须新增工程措施；如果是落在 C 区，可以新增工程措施或适当的行政管理措施来降低风险。

❷ E 区是可接受风险区域，不需要采取任何新的措施。

❸ D 区是过渡区（ALARP 区域），风险基本上可以接受，但在合理和可行的情况下，应该尽可能采取更多措施来降低风险。

风险矩阵表通常还有一张附表，在附表中详细定义不同的后果等级。例如，在表 8-1 的风险矩阵表中，后果分成 5 个等级，频率也凑巧包含 5 个等级，因此它也称为 5×5 的矩阵。在行业里，有企业使用 7×7、6×6、6×5 等其他形式的矩阵，与举例中的这个矩阵大同小异。

在风险矩阵表中，可以用 A、B、C、D 和 E 等字母来表示风险等级，也可以采用数字来表示风险等级，两者本质上是一致的，仅形式上有差异。通常会用红、黄、绿或红、橙、黄、蓝、绿等不同颜色标出各个风险等级所在的区域，利用颜色区分出哪是高风险区域、哪是过渡区域、哪是风险可接受的区域。例如，在表 8-1 中，字母 A 所在区域对应的是红色区域、B 是橙色区域、C 是黄色区域、D 是蓝色区域、E 是绿色区域。其中 A 所在区域风险最高，B 次之，以此类推，E 所在区域的风险等级最低。

【任务实施】

通过任务学习，完成离心泵单元的风险识别（工作任务单 8-1）。

要求：1. 按授课教师规定的人数，分成若干个小组（每组 5 ～ 7 人）。

2. 完成后，以小组为单位向全体分享。

3. 时间在 30min 内，成绩在 90 分以上。

工作任务一　认识风险和风险矩阵　　　编号：8-1		
考查内容：离心泵单元风险识别		
姓名：	学号：	成绩：

1. 依据离心泵单元原料甲醇的 MSDS 周知卡，识别甲醇的闪点、燃点及爆炸范围。

2. 依据离心泵单元 P&ID 图，分析原料罐液位过高或过低、原料罐压力过高或过低、泵进料流量过小或过大、氮气管线压力过低或过高可能造成的事故后果。

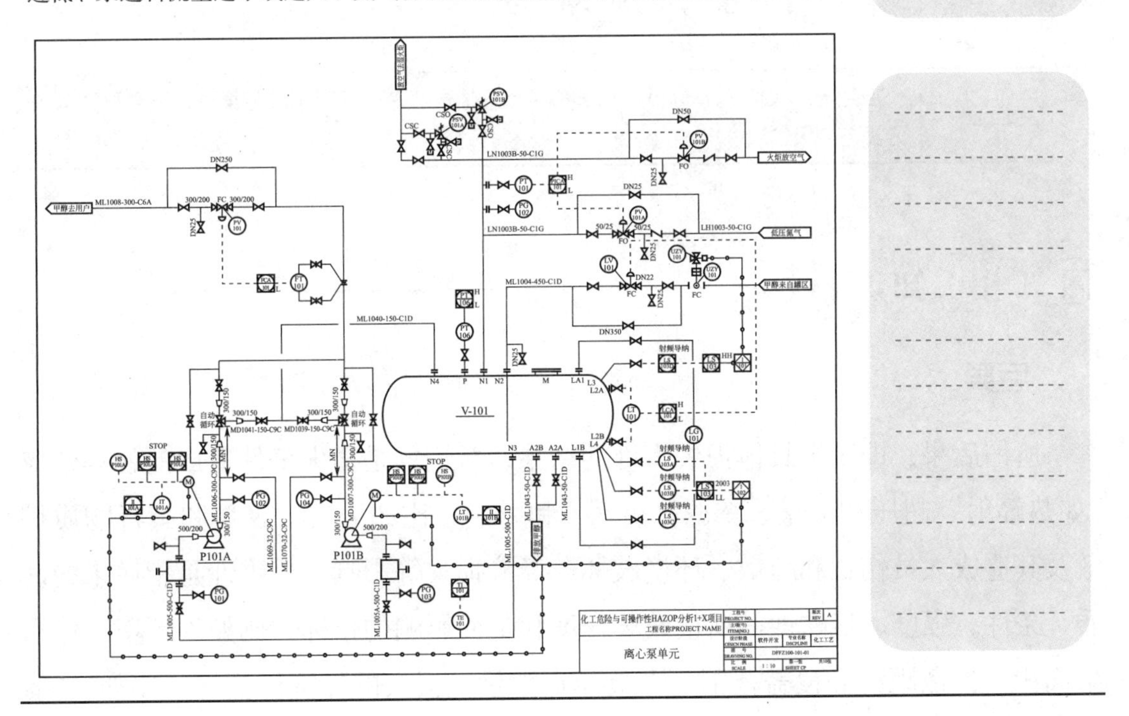

【任务反馈】

简要说明本次任务的收获、感悟或疑问等。

1 我的收获

2 我的感悟

3 我的疑问

任务二 后果严重等级分类与分级

任务目标	1. 了解后果严重等级划分的类别与级别 2. 能对后果进行等级分类与分级
任务描述	应用 HAZOP 仿真软件，对离心泵单元原料罐液位偏高事故后果进行后果严重等级分类与分级

【相关知识】

一、后果

所谓后果，即某个具体损失事件的结果，常用的是损失事件造成的物理效应（如热辐射、超压和冲量、暴露浓度等）和影响，比如火灾、爆炸和有毒物质扩散及其造成人员伤亡和疏散、环境破坏、经济损失等影响。严重性是指后果的性质、条件、强度、残酷性等衡量破坏程度和负面影响的指标，比如外环境水体污染面积、扩散距离和覆盖范围，人员死亡数量，损失的经济价值等。比如，“氯气低压输送管道 15 小孔泄漏，造成 2 人严重中毒、1 人死亡，AEGL-3 浓度影响范围 150m”和“环己烷蒸气云闪火，造成 1 名现场操作工死亡，6 人轻微受伤，装置区过火面积 50m^2，停工 15 天”，属于事故后果严重程度的描述。

二、后果严重等级分类

《生产安全事故报告和调查处理条例》(中华人民共和国国务院令第 493 号)按照生产安全事故造成的人员伤亡数量和直接经济损失，将事故划分为特别重大事故、重大事故、较大事故、一般事故等不同等级。但工艺安全事故泄漏或排放的有害物料，以及应急处置产生的混合了工艺物料的消防污水，如果不能在工厂内被妥善处置，甚至被直接排放到河流、湖泊，还会造成土壤破坏、河流和地下水污染、生态功能丧失等环境污染事件。而环境破坏影响深远，修复代价更高，破坏后果就变得更加严峻。而且，那些经常发生工艺安全事故和发生过严重工艺安全事故的企业，往往给社会公众造成忽视安全、漠视生命、缺乏社会责任、企业发展不可持续、前景难以预料等不良影响，使得企业社会形象和声誉受到损坏。

综上所述，工艺安全事故的不利后果严重程度需要从人员安全健康、环境损害、经济损失、声誉影响等几个不同方面分别进行考虑。

三、后果严重等级分级

【讲解视频】
反应釜尾气
硫化氢中毒事故

不利后果严重度分级首先要把事故在人员、环境、财产、声誉等方面导致的损失数值化、量化，以便于比较和划分界限。后果度量方法一般分为定性分析和定量计算两种。定性分析是工艺危害分析小组成员利用在装置操作岗位长期积累的经验快速判断出现的危害后果和波及范围。而事故后果定量计算需要考虑气象条件、地面特征、物料性质、泄漏量和持续时间、危险存量隔离单元划分等自然条件和工艺条件。在评估计算结果造成的影响时，甚至要考虑建构筑物的结构易损性(防火防爆性能、结构稳定性等)、人员分布地点和频次等条件，结果准确程度优于定性分析，但需要借助事故后果数学模型和大量的原始数据输入，花费时间较多。

根据《生产安全事故报告和调查处理条例》，根据生产安全事故(以下简称事故)造成的人员伤亡或者直接经济损失，事故一般分为以下等级：

❶ 特别重大事故，是指造成 30 人以上死亡，或者 100 人以上重伤（包括急性工业中毒，下同），或者 1 亿元以上直接经济损失的事故；

❷ 重大事故，是指造成 10 人以上 30 人以下死亡，或者 50 人以上 100 人以下重伤，或者 5000 万元以上 1 亿元以下直接经济损失的事故；

❸ 较大事故，是指造成 3 人以上 10 人以下死亡，或者 10 人以上 50 人以下重伤，或者 1000 万元以上 5000 万元以下直接经济损失的事故；

❹ 一般事故，是指造成 3 人以下死亡，或者 10 人以下重伤，或者 1000 万元以下直接经济损失的事故。

《国家突发环境事件应急预案》将突发环境事件分为特别重大环境事件（Ⅰ级）、重大环境事件（Ⅱ级）、较大环境事件（Ⅲ级）和一般环境事件（Ⅳ级），详细如下。

1. 特别重大环境事件（Ⅰ级）

凡符合下列情形之一的，为特别重大环境事件：

❶ 发生 30 人以上死亡，或中毒（重伤）100 人以上；

❷ 因环境事件需疏散、转移群众5万人以上，或直接经济损失1000万元以上；

❸ 区域生态功能严重丧失或濒危物种生存环境遭到严重污染；

❹ 因环境污染使当地正常的经济、社会活动受到严重影响；

❺ 利用放射性物质进行人为破坏事件，或Ⅰ、Ⅱ类放射源失控造成大范围严重辐射污染后果；

❻ 因环境污染造成重要城市主要水源地取水中断的污染事故；

❼ 因危险化学品（含剧毒品）生产和储运中发生泄漏，严重影响人民群众生产、生活的污染事故。

2. 重大环境事件（Ⅱ级）

凡符合下列情形之一的，为重大环境事件：

❶ 发生 10 人以上 30 人以下死亡，或中毒（重伤）50 人以上 100 人以下；

❷ 区域生态功能部分丧失或濒危物种生存环境受到污染：

❸ 因环境污染使当地经济、社会活动受到较大影响，疏散转移群众 1 万人以上 5 万人以下的；

❹ Ⅰ、Ⅱ类放射源丢失、被盗或失控；

❺ 因环境污染造成重要河流、湖泊、水库及沿海水域大面积污染，或县级以上城镇水源地取水中断的污染事件。

3. 较大环境事件（Ⅲ级）

凡符合下列情形之一的，为较大环境事件：

❶ 发生3人以上10人以下死亡，或中毒（重伤）50人以下；

❷ 因环境污染造成跨地级行政区域纠纷，使当地经济、社会活动受到影响；

❸ Ⅲ类放射源丢失、被盗或失控。

4. 一般环境事件（Ⅳ级）

凡符合下列情形之一的，为一般环境事件：

❶ 发生3人以下死亡；

❷ 因环境污染造成跨县级行政区域纠纷，引起一般群体性影响的；

❸ Ⅳ、Ⅴ类放射源丢失、被盗或失控。

在评估某事故可能造成的人员伤害数量、环境污染程度、经济损失大小等严重程度分级指标时，工艺危害分析团队应事先统一确定安全措施的分析策略。

某些公司是假定被分析装置的所有硬件和软件防护措施都已经失效，不考虑旨在降低损失事件影响的减缓性措施的作用，即只针对初始事件引发的最严重后果及其严重程度。这种悲观假定有利于简化分析过程，但一般更适用于装置设计阶段的工艺危害评估，对已经投入运行的装置，在分析事故后果时仍不考虑装置已经采取的减缓性保护措施，则会过于保守地估计风险等级。

而某些公司的做法则属于另外一个极端，即假定减缓性措施总是有效的，并据此估计损失事件的影响。这类乐观假设也有利于简化分析过程，但造成估计剧情风险时不够保守。因为对某些特定的剧情，预防性措施的脆弱性总是存在的，甚至会变得失去效用。

企业生产规模、经济实力、盈利模式、社会影响力等方面的差异，造成了对事故后果严重程度的感受和承受能力的不同。比如，工艺流程、生产规模、经济实力完全相同的几家化工生产企业，因为布置在邻近城镇居民区、环境敏感地带、政府统筹规划的化学工业园区州等不同地点，不同的地理位置会造成这些企业对人员伤亡、环境和声誉方面事故后果严重围度分级的差异。在符合国家和地方关于生产安全事故、环境事故法律、法规和标准、规范要求的前提下，企业根据自身特点制定事故后果分类和划分严重程度等级是被允许的。

【任务实施】

通过任务学习，完成事故后果严重等级分类与分级（工作任务单 8-2）。

要求：1. 按授课教师规定的人数，分成若干个小组（每组 5 ～ 7 人）。

2. 完成后，以小组为单位向全体分享。

3. 时间在 30min 内，成绩在 90 分以上。

工作任务二　后果严重等级分类与分级　编号：8-2		
考查内容：事故后果等级分类与分级		
姓名：	学号：	成绩：

1. 对以下情况进行后果严重等级分类。	选项
（1）遇到点火源、明火或者达到爆炸极限可能发生的后果是泄漏火灾爆炸，一旦爆炸现场有巡检人员，根据巡检制度人数估计界区内死亡人数为 1 ～ 2 人。（　　） （2）查阅爆炸区域图后，确定爆炸影响区域半径，根据爆炸半径，确定事故波及的设备，设备人员估算事故发生造成的直接经济损失。（　　） （3）该事故可能会受到当地媒体短期报道，对当地公共设施的日常运行造成干扰（如导致某道路在 24h 内无法正常通行）。（　　）	❶ 健康和安全（S/H）影响 ❷ 财产损失（F）影响 ❸ 社会（E）影响为 B 级

2. 简述后果等级分为几级？分别是哪几个等级？

【任务反馈】

简要说明本次任务的收获、感悟或疑问等。

1 我的收获

2 我的感悟

3 我的疑问

任务三 初始事件频率的确定

任务目标	1. 理解初始事件 2. 能确定初始事件频率
任务描述	应用 HAZOP 分析仿真软件，能确定离心泵单元初始事件的频率

【相关知识】

一、初始事件

初始事件用于描述事故剧情初始事件发生的可能性。在确定初始事件频率前，事故剧情发展步骤的所有原因都应该进行评估和验证，以确认这些原因符合初始事件的要求，例如：不足的教育培训和授权、不足的检测和检查可以是导致初始事件的潜在原因，而安全阀、超速联锁等保护措施失效是由于其他初始事件引起的，这些事件本身均不能作为初始事件而确定发生频率。

二、初始事件频率

初始事件的基础频率一般来源于以下几个方面。

1. 文献和数据库

例如：挪威 SINTEF 商业发行的 OREDA（Orhore Beliablity Data Handbook）（第 5 版，2009）；国际石油和天然气生产商联合会公开发布的《OGP 风险评估数据目录》（包括工艺泄漏频率、井喷频率、风险评估中的人为因素、点火概率、立管和管道泄漏频率等系列数据报告）；美国石油学会发布的 AP1 RP581《基于风险的检测技术》（第 2 版，2008）；等等。

2. 行业或者公司经验，以及危险分析团队的经验

操作人员在长期生产实践中积累的某些特定事件的发生频率可以作为良好的数据来源，尤其是当尚未有权威机构统计和发布能被业界广泛认可的设备失效频率数据库时。

3. 设备供货商提供的数据

这类数据通常来源于设备生产商对设备寿命和性能的测试和统计数据，且这些测试和统计是在规定条件下完成的。

在选择初始事件频率数据时，常需要根据特定的操作参数、工艺流程、检测和监测频率，操作和维修技能的培训、设备设计条件等做出假设。因此，在选择失效频率数据时，要注意以下问题：

❶ 选择的失效频率应当与装置的基本设计一致。国内装置参照国外装置失效频率数据库进行频率分配时，需要按照既有的设计和运行条件进行修正。例如，可以按照美国石油学会发布的 API RP581《基于风险的检测技术》（第 2 版，2008）推荐的做法进行管理系数和破坏系数修正。

❷ 所有选择的失效频率均应在数据范围的同一位置，例如：失效频率范围的上限、下限或者中间值，以确保整套工艺装置的频率统计保守程度一致。

❸ 选择的失效频率应对被评估的装置或者操作具有代表性。通常只有在足够长时间内形成的具备统计显著性的失效频率才能满足使用要求。行业内的

基础失效频率数据须经过能够反映当前运行条件和状况的系数调整后才能被使用。如果没有此类数据供直接使用，则要判断哪些外部数据源最适用于参照和借鉴。

在进行 HAZOP 分析时，可以根据初始事件发生频率范围进行分级以便于使用。很多具有丰富风险评估经验的工艺危险分析团队能够在一个数量级的精度范围内区别初始事件发生的可能性，例如：确定冷却塔的水供应中断发生可能性为每月 1 次，或每年 1 次，或 10 年 1 次；危险分析团队根据以往的经验确定发生操作失误的可能性是每 3 年 1 次，即 1/3 年约为 $10^{-0.5}$/ 年，则对应初始事件频率的量级为 −0.5，发生可能性在“非常高”与“高”之间。

【任务实施】

通过任务学习，完成初始事件频率的确定（工作任务单 8-3）。

要求：1. 按授课教师规定的人数，分成若干个小组（每组 5 ～ 7 人）。

2. 完成后，以小组为单位向全体分享。

3. 时间在 30min 内，成绩在 90 分以上。

工作任务三　初始事件频率的确定　　编号：8-3		
考查内容：初始事件频率的确定		
姓名：	学号：	成绩：

	选项
初始事件用于描述事故剧情初始事件发生的（　　），在确定初始事件（　　）前，事故剧情发展步骤的所有原因都应该进行（　　），以确认这些原因符合初始事件的要求，例如：不足的教育培训和授权、不足的检测和检查可以是导致初始事件的（　　），而安全阀、超速联锁等保护措施（　　）是由于其他初始事件引起的，这些事件本身均不能作为（　　）而确定发生频率。初始事件的基础频率一般来源于（　　）、（　　）、（　　）。	❶ 评估和验证 ❷ 潜在原因 ❸ 可能性 ❹ 设备供货商提供的数据 ❺ 文献和数据库 ❻ 初始事件 ❼ 失效 ❽ 行业或者公司经验，以及危险分析团队的经验 ❾ 频率

【任务反馈】

简要说明本次任务的收获、感悟或疑问等。

1 我的收获

2 我的感悟

3 我的疑问

任务四 危险剧情的风险确定

任务目标	1. 熟悉危险剧情确定风险的方法 2. 理解独立保护层 3. 能在采取合理可行的安全保护措施后，对提出的风险再实施后续的剩余风险评估
任务描述	应用 HAZOP 仿真软件，确定原始风险，在采取安全保护措施后，能确定剩余风险

【相关知识】

危险剧情的风险是由剧情发生可能性和剧情影响严重程度两个因素共同确定的：

剧情发生的频率（次损失事件 / 年）× 剧情的影响（损失事件的影响）= 剧情的风险（影响 / 年）

剧情发生的频率 = 初始事件发生频率（初始事件次数 / 年）× 预防性保护措施失效概率（无量纲数值）

对多数危险剧情而言，估算初始事件发生频率相对来说比估算剧情频率更容易些，因为像装置部件机械失效、公用工程中断、操作失误、外部事件（台风、地震、洪水等）的发生，可能性均在经验认知的范围。在判断事故剧情发生可能性时，应考虑已有的预防性保护措施的修正作用，比如对预防性保护措施的可靠性在 0（完全失效）和 1 之间（完全有效）进行赋值，结合初始事件发生频率对损失事件（人员伤亡、财产损失、环境破坏、声誉下降等）发生的可能性进行调整。

当初始事件和损失事件中间存在多个预防性保护措施时，应考虑这些保护措施是否为“独立保护层”，是否存在“共因失效”。如果属于独立保护层，则保护措施失效概率等于各保护措施失效概率的乘积。这种方法就是所谓的保护层分析（LOPA）方法。具体的 LOPA 方法需要参考相应的导则。

在 HAZOP 分析团队经过集体讨论确定了事故发生可能性和严重程度在风险矩阵中的行、列位置后，便可得到某个危险剧情对应的风险等级。对复杂的事故模式，比如涉及的预防性保护措施或减缓性保护措施多，造成初始事件之后的事件序列将朝向多个损失事件类型演变，推荐利用构建事件树（Event Tree Analysis，ETA）的方法使事件序列条理化、结构化，包括考虑保护措施对损失事件发生可能性和后果影响严重程度的干预作用。

综上所述，危险剧情的风险是考虑保护措施按照预定意图发挥功能之后的剩余风险，从而风险值更接近真实的事故风险。当发现剩余风险较高时，必须提出合理可行的安全保护措施，同时针对提出的风险再实施后续的剩余风险评估，使得最终的剩余风险等级符合最低合理可行准则（As Low As Reasonably Practicable，ALARP）。如果评估发现剧情的风险太高，意味着现有的保护措施是不充分的，还需要进一步采取措施来降低风险，以满足合理可行的降低风险原则。

【任务实施】

通过任务学习，完成危险剧情的风险确定（工作任务单 8-4）。

要求：1. 按授课教师规定的人数，分成若干个小组（每组 5 ～ 7 人）。

2. 完成后，以小组为单位向全体分享。

3. 时间在 30min 内，成绩在 90 分以上。

工作任务五　危险剧情的风险确定		编号：8-4
考查内容：危险剧情的风险确定		
姓名：	学号：	成绩：

1. 根据 IPL 失效概率表选择保护措施的失效概率。

独立保护层的PFD范围独立保护层		说明	PFD（来自文献和工业数据）
“本质安全”设计		如果正确地执行，将大大地降低相关场景后果的频率	$1\times10^{-5}\sim1\times10^{-1}$
基本过程控制系统（BPCS）		如果与初始事件无关，BPCS中的控制回路可确认为一种独立保护层	$1\times10^{-2}\sim1\times10^{-1}$（IEC规定$1\times10^{-1}\sim1\times10^{-0}$）
关键报警和人员干预	人员行动，有10min的响应时间	简单的，记录良好的行动，行动要求具有清晰可靠的指示	$1\times10^{-1}\sim1\times10^{-0}$
	人员对BPCS指示或报警的响应，有40min的响应时间	简单的，记录良好的行动，行动要求具有清晰可靠的指示	1×10^{-1}
	人员行动，有40min的响应时间	简单的，记录良好的行动，行动要求具有清晰可靠的指示	$1\times10^{-2}\sim1\times10^{-1}$
安全仪表系统（SIS）	SIL1	典型组成：单个传感器+单个逻辑解算器+单个最终元件	$1\times10^{-2}\sim1\times10^{-1}$
	SIL2	典型组成：多个传感器+多个逻辑解算器+多个最终元件	$1\times10^{-3}\sim1\times10^{-2}$
	SIL3	典型组成：单个传感器+单个逻辑解算器+单个最终元件	$1\times10^{-4}\sim1\times10^{-3}$
物理保护（释放措施）	安全阀	防止系统超压，其有效性对服役条件比较敏感	$1\times10^{-5}\sim1\times10^{-1}$
	爆破片	防止系统超压，其有效性对服役条件比较敏感	$1\times10^{-5}\sim1\times10^{-1}$

（1）设有压力高报警 PI106 及人员响应，现有安全措施类型为（　　　），IPL 的失效概率为（　　　）。

（2）设有液位高高联锁 LS103，现有安全措施类型为（　　　），IPL 的失效概率为（　　　）。

2. 在风险矩阵表里填写保护措施及失效概率，增加保护措施后，原始风险降低，降低后的风险级分别在风险矩阵的Ⅰ和Ⅱ区域内，风险达到可接受范围。

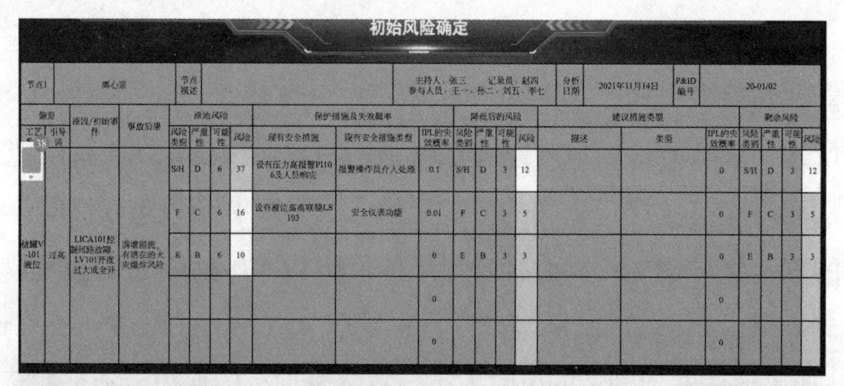

初始风险确定

节点1　离心泵　节点描述　主持人：张三　记录员：赵四　参与人员：王一、孙二、刘五、李七　分析日期　2021年11月14日　P&ID编号　20-01/02

偏差：工艺参数	偏差：引导词	原因/初始事件	事故后果	原始风险：风险类别	原始风险：严重性	原始风险：可能性	原始风险：风险	保护措施及失效概率：现有安全措施	保护措施及失效概率：现有安全措施类型	保护措施及失效概率：IPL的失效概率	降低后的风险：风险类别	降低后的风险：严重性	降低后的风险：可能性	降低后的风险：风险	建议措施类型：描述	建议措施类型：类型	建议措施类型：IPL的失效概率	剩余风险：风险类别	剩余风险：严重性	剩余风险：可能性	剩余风险：风险
储罐V-101液位	过高	LICA101控制回路故障，LV101开度过大或全开	满罐溢流，有潜在的火灾爆炸风险	S/H	D	6	37	设有压力高报警PI106及人员响应	报警操作员介入处理	0.1	S/H	D	3	12			0	S/H	D	3	12
				F	C	6	16	设有液位高高联锁LS103	安全仪表功能	0.01	F	C	3	5			0	F	C	3	5
				E	B	6	10			0	E	B	3	3			0	E	B	3	3
										0							0				
										0							0				

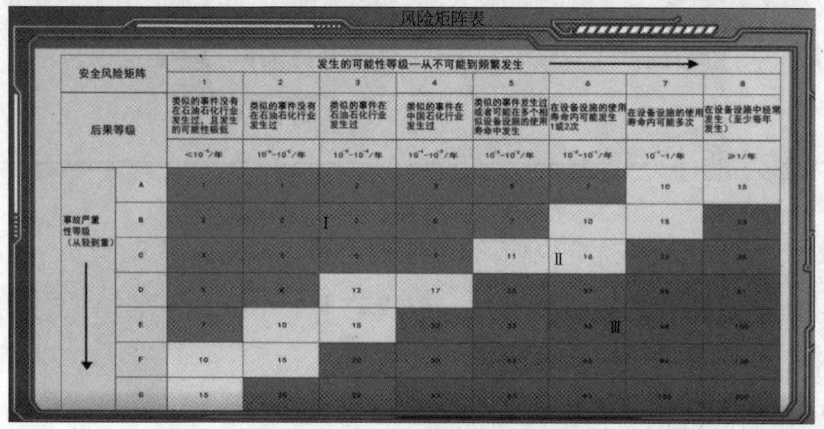

风险矩阵表

安全风险矩阵		发生的可能性等级—从不可能到频繁发生 →							
		1	2	3	4	5	6	7	8
后果等级		类似的事件没有在石油石化行业发生过，且发生的可能性极低	类似的事件没有在石油石化行业发生过	类似的事件在石油石化行业发生过	类似的事件在中国石化行业发生过	类似的事件发生过或者可能在多个相似设备设施的使用寿命中发生	在设备设施的使用寿命内可能发生1或2次	在设备设施的使用寿命内可能多次	在设备设施中经常发生（至少每年发生）
		$<10^{-6}$/年	$10^{-6}\sim10^{-5}$/年	$10^{-5}\sim10^{-4}$/年	$10^{-4}\sim10^{-3}$/年	$10^{-3}\sim10^{-2}$/年	$10^{-2}\sim10^{-1}$/年	$10^{-1}\sim1$/年	≥1/年
事故严重性等级（从轻到重）↓	A	1	1	2	3	5	7	10	15
	B	2	2	Ⅰ 3	6	7	10	15	23
	C	3	3	5	7	11	Ⅱ 16	33	35
	D	5	6	12	17	25	37	55	81
	E	7	10	15	22	37	45 Ⅲ	68	100
	F	10	15	20	30	43	64	94	138
	G	15	25	29	43	63	91	136	200

【任务反馈】

简要说明本次任务的收获、感悟或疑问等。

1 我的收获

2 我的感悟

3 我的疑问

【项目综合评价】

姓名		学号		班级	
组别		组长及成员			

项目成绩：　　　　　总成绩：

任务	任务一	任务二	任务三
成绩			

自我评价		
维度	自我评价内容	评分
知识	1. 了解风险的含义（10分）	
	2. 了解风险矩阵的构成（10分）	
	3. 了解HAZOP分析中风险矩阵的使用（10分）	
能力	1. 能够清晰描述出风险的含义（10分）	
	2. 掌握后果等级分类及分级（10分）	
	3. 能够确定风险的初始频率（10分）	
	4. 能够识别危险剧情的风险（10分）	
	5. 会使用HAZOP分析中风险矩阵（10分）	

续表

维度	自我评价内容		评分
素质	1. 提高风险认知能力，建立风险构成的基本认知（10分）		
	2. 知晓风险矩阵的使用，培养理论联系实际的能力（10分）		
总分			
我的反思	我的收获		
	我遇到的问题		
	我最感兴趣的部分		
	其他		

【项目扩展】

离心泵单元原料罐液位过高分析

首先，HAZOP分析小组分析原料罐液位过高导致法兰密封处泄漏的后果。根据原料甲醇MSDS表格，查取甲醇的闪点、着火点、爆炸极限；根据物料特性判断介质泄漏，遇到点火源、明火或者达到爆炸极限可能发生的后果是泄漏火灾爆炸；现场有巡检人员，根据巡检制度人数估计界区内死亡人数为1～2人；查阅爆炸区域图后，确定爆炸影响区域半径，根据爆炸半径，确定事故波及的设备，设备人员估算事故发生造成的直接经济损失。小组人员评估事故发生造成的声誉方面的影响。

前面从健康和安全影响、经济损失、社会影响方面对事故后果进行了预估，小组人员再从以上三类后果严重性进行等级评估，健康和安全（S/H）影响为D级，财产损失（F）影响为C级，社会（E）影响为B级。

其次，分析引发偏离的原因。原因一般有四类：设备故障类、BPCS失效类、人员误操作类及公用工程故障类。接下来按照偏离原因分类，在P&ID图纸上分析原因及安全措施。

BPCS失效类：初始原因为LICA101控制回路故障，LV101开度过大或全开。

根据原因采取的安全措施为：

❶ 设有压力高报警PI106及人员响应；

❷ 设有液位高高联锁LS103。

由偏离、原因、后果及保护措施组成完整的事故剧情，再根据事故发生的各种原因，依据初始事件发生频率（参见前文表 6-8），判断事故发生的频率。

设备失效事故发生频率为 10^{-2} ～ 10^{-1}，由原因的可能性等级评估表查得可能性等级为 6。

根据保护措施失效概率（表 8-2）选择保护措施的失效概率。

【讲解视频】
保护措施失效概率

表 8-2　保护措施失效概率

独立保护层的 PFD 范围独立保护层		说明	PFD（来自文献和工业数据）
“本质安全”设计		如果正确地执行，将大大地降低相关场景后果的频率	1×10^{-5} ～ 1×10^{-1}
基本过程控制系统（BPCS）		如果与初始事件无关，BPCS 中的控制回路可确认为一种独立保护层	1×10^{-2} ～ 1×10^{-1} （IEC 规定 1×10^{-1} ～ 1×10^{-0}）
关键报警和人员干预	人员行动，有 10min 的响应时间	简单的，记录良好的行动，行动要求具有清晰可靠的指示	1×10^{-1} ～ 1×10^{-0}
	人员对 BPCS 指示或报警的响应，有 40min 的响应时间	简单的，记录良好的行动，行动要求具有清晰可靠的指示	1×10^{-1}
	人员行动，有 40min 的响应时间	简单的，记录良好的行动，行动要求具有清晰可靠的指示	1×10^{-2} ～ 1×10^{-1}
安全仪表系统（SIS）	SIL1	典型组成： 单个传感器 + 单个逻辑解算器 + 单个最终元件	1×10^{-2} ～ 1×10^{-1}
	SIL2	典型组成： 多个传感器 + 多个逻辑解算器 + 多个最终元件	1×10^{-3} ～ 1×10^{-2}
	SIL3	典型组成： 单个传感器 + 单个逻辑解算器 + 单个最终元件	1×10^{-4} ～ 1×10^{-3}
物理保护（释放措施）	安全阀	防止系统超压，其有效性对服役条件比较敏感	1×10^{-5} ～ 1×10^{-1}
	爆破片	防止系统超压，其有效性对服役条件比较敏感	1×10^{-5} ～ 1×10^{-1}

最后，在风险矩阵表里填写保护措施及失效概率，增加保护措施后，原始风险降低，降低后的风险级别在风险矩阵的黄色和蓝色区域内，风险达到可接受范围。可在 HAZOP 分析软件中进行操作练习。

【行业形势】

HAZOP 分析与安全人才培养

据行业数据统计，2020 年 1 ～ 11 月，全国共发生化工事故 127 起、死亡 157 人，同比减少 16 起、96 人，分别下降 11.2%、37.9%，安全生产形势保持稳定，这其中的影响因素之一就是得益于行业应用 HAZOP 的逐渐普及。由此可见，HAZOP 分析的应用对预防安全事故具有重要意义。

做好安全生产工作，必须把握主要矛盾。举例而言，2019 年 7 月 9 日，某气化厂获评河南省 2019 年首批“安全生产风险隐患双重预防体系建设省级标杆企业(单位)”，仅仅过去 10 天，就发生了事故。这起事故值得我们反思，有的人把事故当成故事听，“举一反三”只停留在口头上。事故发生后，对其原因的分析往往不够全面，人云亦云。如果事先就实行了 HAZOP 分析，对于还存在哪些可能的原因，结合自己生产实际来详细分析，或许就能把隐患排查出来并提前采取可靠的防范措施，从而避免惨烈事故的发生。**这也警示我们既要理清思路，充分重视 HAZOP 分析；也要明确方向，正确应用 HAZOP 分析，做到有备无患。**

行业的发展，关键靠人才，基础在教育。目前，技能人才数量近五年缺口越来越大。2015 ～ 2020 年，石油和化工行业技能劳动者增长需求约 108 万人，高技能劳动者增长需求约 38 万人，平均每年需求增长 21.6 万人和 7.6 万人，从行业全日制教育人才供给来看，技能劳动者每年有近 12 万人缺口，高技能劳动者每年有近 5 万人缺口。面对行业的需求，我们应该**树立正确的价值观和就业观，不断提升自身职业技能与素养，将课上学习的知识充分消化，并通过相关培训和考证提升自身能力**，为行业健康发展和构建本质安全的生态环境贡献自己的一份力量。

扫描二维码
查看更多资讯

进展篇

项目九

计算机辅助HAZOP分析进展认知

【学习目标】

知识目标

1. 了解HAZOP分析的应用领域及其技术进展；
2. 了解国内外计算机辅助HAZOP分析软件进展。

能力目标

1. 掌握多种安全评价方法的使用场景；
2. 掌握计算机辅助工具的使用方法。

素质目标

1. 通过学习HAZOP分析的应用领域及其技术进展，认识HAZOP分析的重要前景；
2. 树立发展国内计算机辅助HAZOP分析软件的信心。

【项目导言】

传统HAZOP分析方法由包括设计人员和现场操作人员在内的跨专业的专家小组完成，由于缺乏复杂系统安全评价的深层知识建模理论和推理方法，导致国内外的安全评价工作还主要依赖人工实现，这是一项既费时又费力的工作。目前计算机在安全评价中的作用还多为辅助人工进行评价生产过程的管理，包括人员、物性、危险、措施等的管理，真正运用计算机进行辅助推理、分析的技术为数极少，且实用性尚未完善到普及的程度。

而人工 HAZOP 分析存在以下缺点：

❶ HAZOP 分析是一个团队活动，通常有 5 ～ 8 名专业人员参与，并且有复杂的头脑风暴知识活动，非常耗时且容易使人疲劳，因此人工分析难于处理大规模的数据、信息和计算；

❷ HAZOP 人工分析大规模系统无法得到完备的结果，受到参会人员的经验素质影响，决定了 HAZOP 分析质量的高低，即使有专家参与也难免出现漏评；

❸ HAZOP 人工分析采用口头讨论方式不严格，讨论时易出现概念混乱；

❹ HAZOP 人工评价得出的文本（说明）不规范，HAZOP 分析报告模板差异较大，不同公司的报告有差异，导致事后理解困难；

❺ HAZOP 分析费用普遍较高，通常按图纸计算工作成本，使人工评价费时、费力、成本高。

计算机辅助 HAZOP 分析能够改进人工 HAZOP 分析的不足，使得 HAZOP 分析的效率大大提升，利用计算机实现 HAZOP 分析的自动化以及半自动化，必将会成为未来 HAZOP 分析领域的研究热点。

20 世纪 60 年代，当 HAZOP 分析方法首次发明时，工程师将 HAZOP 分析和讨论的结果记录在纸上，没有使用计算机或电子表格辅助记录。

计算机辅助 HAZOP 分析确实能够在很大程度上改进人工 HAZOP 分析的不足，使 HAZOP 分析的效率大大提升。后来，HAZOP 分析方法经常使用 Excel 等电子表格（图 9-1）进行记录，明显提高了分析效率。再后来，欧美国家发展了软件辅助的 HAZOP 分析方法，如：PHA-works（图 9-2）、PHA-pro（图 9-3）、PHA-leader 等软件，规范了记录格式，提高了 HAZOP 分析的应用水平。

现在开发的 HAZOP 分析软件模式，普遍认为有两个流派：一是文档记录型软件，如 PHA-works 等；二是智能型软件，如基于 SDG 模型的软件等。记录型软件在提高录入效率方面比 Excel 电子表格有明显的优势，但是不能帮助分析人员发散思维。SDG 智能型软件号称实现 70% 常规的分析，另外 30% 还是需要专家的研判。缺点是在分析之前需要建立模型，模型的建立不仅需要专业的人员，而且还要花费大量的时间。

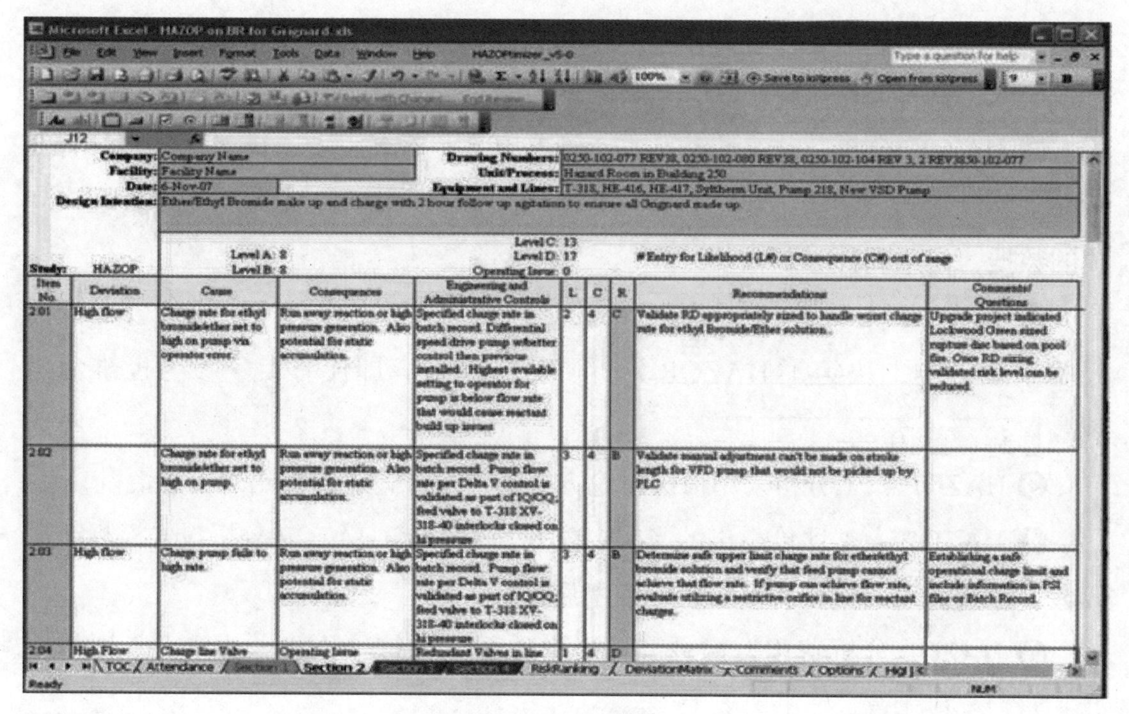

图 9-1 Excel 模板

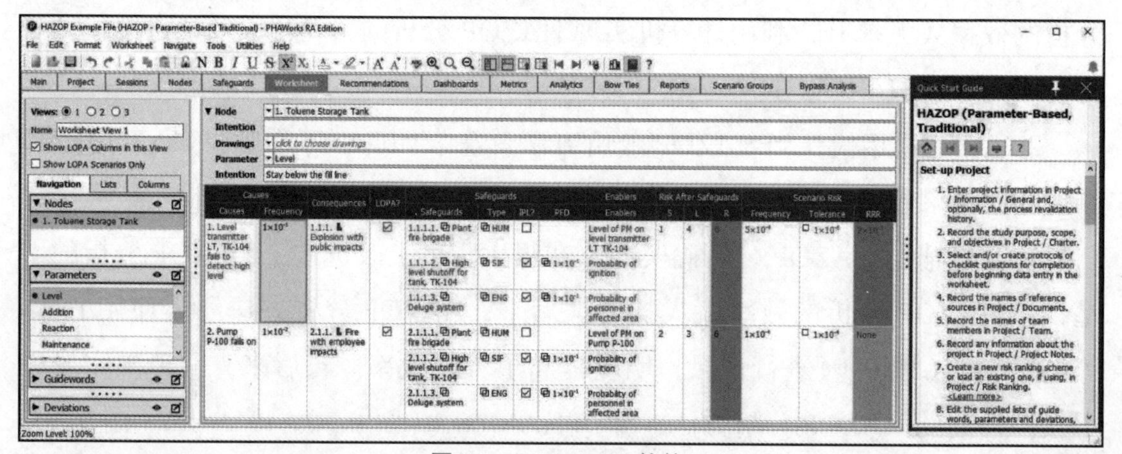

图 9-2 PHA-works 软件

所以我们认为 HAZOP 分析软件主要作用并不是替代的工作，计算机辅助 HAZOP 分析软件作为一个工具软件，由会议的记录员使用并记录会议讨论分析的情况，避免了 HAZOP 分析团队每个成员都使用软件来记录自己的所思所想，可以辅助分析团队高效地开展 HAZOP 分析工作和提高 HAZOP 分析报告的质量。

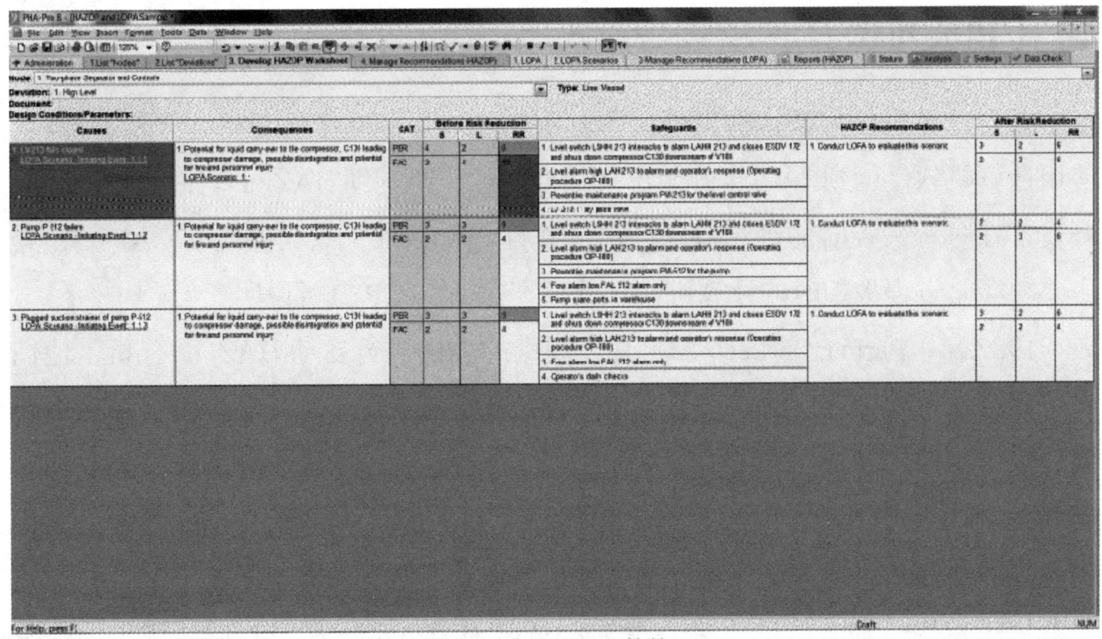

图 9-3 **PHA-pro** 软件

【项目实施】

任务安排列表

任务名称	总体要求	工作任务单	建议课时
任务一 国外计算机辅助 HAZOP 分析软件进展认知	通过该任务的学习，了解国外计算机辅助 HAZOP 分析软件进展	9-1	1
任务二 国内计算机辅助 HAZOP 分析软件进展认知	通过该任务的学习，了解国内计算机辅助 HAZOP 分析软件进展	9-2	1

任务一 国外计算机辅助 HAZOP 分析软件进展认知

任务目标	1. 了解国外计算机辅助 HAZOP 分析软件发展历程 2. 了解国外 HAZOP 分析软件的特点
任务描述	通过对本任务的学习，知晓国外 HAZOP 分析软件发展历程及特点

【相关知识】

随着计算机信息技术的发展，国际上从 20 世纪 80 年代开始，开发、推广、使用计算机软件，到 1980 年开始出现早期的计算机辅助 HAZOP 软件。D.A.Lihou 开发了在过程失控时的计算机辅助可操作性分析软件，该软件就是 CAFOS，其主要功能是过程失控时的计算机文字处理产生 HAZOP 分析说明。

1987 年，Parmar 和 Lees 采用基于规则的方法进行自动 HAZOP 分析，他们将单元过程中故障传播的知识表达为定性传播方程，把工厂 P&ID 图分解为由管道、泵、阀门所组成的“线”，其中有过程物流通过。控制回路由变送器、控制器和控制阀组成。流程中的旁路表达成一个独立的过程单元。这种方法只能找到直接的原因和后果，而完备的 HAZOP 必须考虑所有的非正常原因，并找到在全流程中偏离传播导致的后果。该软件只适用于小工厂系统，不适用于大规模工厂系统。早期的 HAZOP-CAD 软件都存在此问题。

1990 年，Karvonen、Heino 和 Suokas 在 KEE“专家系统”外壳上开发了一种基于规则的“专家系统”原型 HAZOPEX 软件。HAZOPEX 软件的知识库中具有过程系统的结构和搜索原因及后果的“规则”，用于搜索潜在原因的规则形式：“IF 偏离类型、AND 过程结构 / 条件、THEN 潜在原因”。这种规则的一个主要缺点是：规则的条件部分取决于过程的结构。当过程单元增加时，规则的数量也增加，因此限制了该系统的通用性。

1991 年，Nagel 开发了一个基于归纳和演绎推理方法的化工厂危险化学反应的自动危险识别系统，包括了这些化学反应所需要的条件以及设计或操作故障。由于仅局限于反应类的危险，因此通用性差，对于通常所说的过程系统危险分析（PHA）用途受到限制。该系统采用归纳推理方法，通过考虑所有可能发生的反应来识别顶部潜在的反应危险。引用了一种对化学反应的语言来描述化学品、性质和反应。该模型语言由 Stephanopoulos、Henning 和 Leone（1991）开发，用于描述过程系统、单元操作、操作条件及特性。基于所产生的结论，可以构造故障树拓扑逻辑。

1992 年，P. Heino、A. Poucet 和 J. Suokas 代表芬兰、意大利与丹麦三国合作项目，介绍了他们正在开发的过程系统危险识别集成化软件包 STARS。该软件包由多种工具软件组成，例如：危险界定、危险识别、危险事件链模型的建立、危险的量化描述和原因后果建模等。

1995 年，Catino 和 Ungar 开发了 HAZOP 识别系统的原型，称为定性危险识别 QHI（Qualitative Hazard Identification）。QHI 的工作方式是采取穷举假定可能出现的故障，自动地构建定性过程模型，通过仿真检查危险。这种模型需要配合一个数据库，该库存有常见的故障，例如：泄漏、过滤器坏、管道破裂、控制器故障等，通过工厂的物理描述确定所有特定的工厂中可能发生的故障案例。该系统对于某些故障，仿真和危险识别可在数秒内完成，而对于许多其他案例要用数天时间。更有甚者，对于某些故障将 SUN 工作站的内存用尽，都无法识别危险。以上缺点限制了 QHI 的工业应用。

1997 年，Faisal 和 Abbasi 介绍了基于知识的软件工具，称为 TOPHAZOP。该工具中知识库由两个主要部分组成：流程说明和常规知识库。流程说明又分成两个主要子库：过程单元与属性、原因及后果。过程单元（目标）构造成以属性为基础的框架性结构；而原因及后果构造成与框架关联的规则网络。常规知识分类为所属类的原因和所属类的后果。然而，下游流程单元的偏离传播和参数的交互作用没有被指出，可能导致不完备的 HAZOP 分析。

1998 年，Srinivasan 和 Dimitradis 提出了一种基于混合知识的数学程序框架，用以克服纯定量和定性 HAZOP 分析的缺点。其中，一个特定危险剧情的总特性被抽提成低成本的定性分析。如果需要，则进行更详细的定量分析以证明定性分析所获取的含糊的危险结论。该系统得出的结论再与该问题用纯定性推理的结论一并用工业案例试验进行验证。

1999 年，Turk 提出一个程序用于综合非时域的离散模型，该模型可获取给定的化工过程序贯现象和连续的动态关系。所提出的程序集中在基于给定说明辅助下的离散模型的建构方面。“说明”用于识别化工过程中相关的原因路径。该程序沿着这些原因路径反向搜索，以便构建状态变量的传递关系，包括物理系统、控制系统、操作顺序和操作特性。这样，提出的程序构建了一个离散模型，用于验证化工过程的安全和可操作性问题。

2000 年，能在计算机上运行的危险审查软件 HazardReviewLEADER 开发完成，并且达到了商用化。该软件提供了由人工专家组进行 HAZOP 分析时的一种“模板”式的工具，可以在软件提供的表格和索引的“导航”下，完成比较规范化的人工 HAZOP 分析。同时软件可以辅助生成 HAZOP 文本说明，结果文件能在多种文字与表格处理软件中共享。HazardReviewLEADER是一种较成熟的计算机辅助 HAZOP“模板”和文字处理软件，没有危险识别和分析功能。

1996 ～ 2000 年，美国普渡大学以 V. Venkatasubramanian 教授为首的过程系统研究室的研究群体利用 SDG 方法开展 HAZOP 计算机辅助分析技术的研究工作。在研究中发现，利用基于深层知识模型符号有向图（SDG）推理的 HAZOP 分析方法，可以替代人工 HAZOP 分析。该方法从复杂系统的内部逻辑关系入手，进行深层推理，有助于提高安全评价质量。SDG 方法具有建模与操作简单、分析快速且全面的特点，能够大大缩短安全评价的时间，降低评价的费用。而且，它能够以各种形式输出分析结果，便于人们查询和使用。V. Venkatasubramanian 等人充分利用 SDG 技术完备性好等优点，成功地将 SDG 方法应用于化工过程危险与可操作性分析。只要 SDC 模型合理，它能尽可能完备地揭示过程系统中潜在的故障及故障传播演变的途径。

因此，将 SDG 方法引入 HAZOP 分析是计算机辅助安全评价技术的一个飞跃，并且 SDG 方法在计算机辅助安全评价方面已显现出优势，现有基于该模型的智能化安全评价软件系统 HAZOP Expert。经过在多项石油化工装置安全评价的应用，以及与人工评价结果对照表明，自动评价不但效率高、速度快，而且评价结论的完备性更好。

近年来，Srinivasan 等在 SDG 模型基础上引入皮特里网表达间歇过程各操作间的状态转换，建立各状态下的 SDG 模型，根据过程系统状态的不同，分析时使用不同的 SDG 模型，以此实现间歇过程各状态的 HAZOP 分析，建立了 Batch HAZOP Expert 系统。

【任务实施】

通过任务学习，完成国外计算机辅助 HAZOP 分析软件进展认知（工作任务单 9-1）。

要求：1. 按授课教师规定的人数，分成若干个小组（每组 5 ～ 7 人）。

2. 完成后，以小组为单位向全体分享。

3. 时间在 30min 内，成绩在 90 分以上。

工作任务一　国外计算机辅助 **HAZOP** 分析软件进展认知		编号：**9-1**
考查内容：国外计算机辅助 **HAZOP** 分析软件进展		
姓名：	学号：	成绩：

1. 判断下列对错。

（1）随着计算机信息技术的发展，国际上从 20 世纪 90 年代开始，开发、推广、使用计算机软件。(　　)

（2）1980 年开始出现早期的计算机辅助 HAZOP 软件，D.A.Lihou 开发了在过程失控时的计算机辅助可操作性分析软件，也就是 CAFOS。该软件主要功能是过程失控时的计算机文字处理产生 HAZOP 分析说明。(　　)

（3）1987 年，Parmar 和 Lees 采用基于规则的方法进行自动 HAZOP 分析，他们将单元过程中故障传播的知识表达为定量传播方程，把工厂 PID 图分解为由管道、泵、阀门所组成的“线”，其中有过程物流通过。(　　)

（4）早期的 HAZOP-CAD 软件只适用于小工厂系统，不适用于大规模工厂系统。(　　)

（5）SDG 方法具有建模与操作简单、分析快速且全面的特点，能够大大缩短安全评价的时间，降低评价的费用。(　　)

2. 简述国外计算机辅助 HAZOP 分析软件特点。

【任务反馈】

简要说明本次任务的收获、感悟或疑问等。

1 我的收获

2 我的感悟

3 我的疑问

任务二 国内计算机辅助 HAZOP 分析软件进展认知

任务目标	1. 了解国内计算机辅助 HAZOP 分析软件 2. 了解国内 HAZOP 分析软件的特点
任务描述	通过对本任务的学习，知晓国内 HAZOP 分析软件发展历程及特点

【相关知识】

HAZOP 分析技术于 20 世纪 90 年代引入我国，2000 年以后国内的一些企业和设计单位才开始运用 HAZOP 分析技术。但因为 HAZOP 分析耗时耗力，且对参与分析的成员要求极高，因此在我国开展得并没有那么顺利，在企业中的应用也比较有限。随着安全技术的要求越来越高，HAZOP 分析技术在国内依旧被无数专家学者和公司进行研究开发。

早期，国内很多公司都不太了解 HAZPO 分析的方法，中国绝大多数的 HAZOP 分析都是用 Excel 电子表格记录的。

目前国内已经有几家公司开发了相应的分析软件，并进行了商业化。下面介绍国内公司开发的 HAZOP 分析软件。

1. 北京思创信息系统有限公司的 HAZOP 软件（CAH）

该软件于 2004 年列入国家安全生产发展规划重点推广项目，2009 年荣获国家安全生产监督管理总局“安全生产科技成果一等奖”，是我国首套自主研发的 HAZOP 软件工具，如图 9-4 所示。

HAZOP 软件（CAH）具有的特点：

❶ 满足 HAZOP 分析工作所需要的全部功能；

❷ 图形化界面，提高 HAZOP 分析质量，辅助提高主席分析能力；

❸ 一键生成偏离，减少输入工作量；

❹ 优化偏离，减少重复分析，提高工作效率；

❺ 措施有针对性，避免分析中的漏洞；

❻ 保护层分析（LOPA）更简单，无须再做特定的 HAZOP 分析。

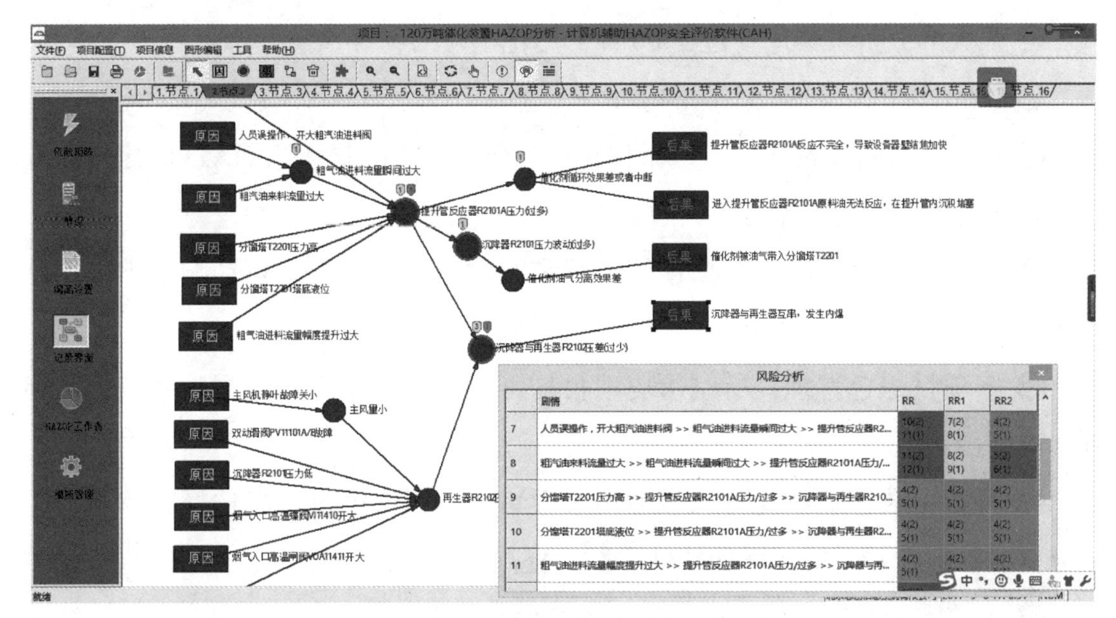

图 9-4 HAZOP 软件（CAH）界面

2. 杭州豪鹏科技有限公司 HAZOPkit 分析软件

2014 年，杭州豪鹏科技有限公司 HAZOPkit 分析软件开发团队推出了该公司首款 HAZOPkit 软件，如图 9-5 所示。

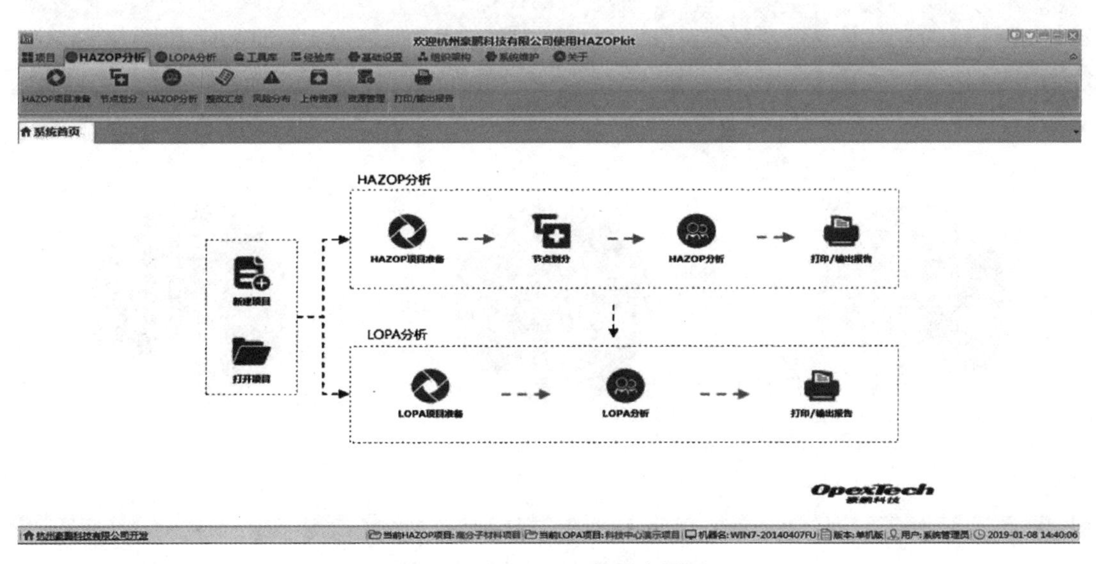

图 9-5 HAZOPkit 软件主界面

HAZOPkit 特色功能如下。

❶ 智慧引擎技术：采用智慧型数据库及高级分析引擎技术，提供危害识别及解决方案的专家支持，明显提升分析工作的质量，并加快编辑速度（约提高效率 60%）。

❷ 强大的分析工具库：近3000种常用化学品的物性信息，沸点压力工具等。

❸ 1000多个典型事故案例的事故库；重要工艺安全参数查询工具等。

❹ 自动多行引导技术：可以融保护层分析（LOPA）概念于HAZOP之中。每个措施和建议项都有专家提示失效概率。

❺ 节点差异化管理：根据连续流程和间歇流程的特点，自动响应不同的输入页面，特别是针对间歇流程，配置了分步骤分析的便利。

❻ 多项目综合管理：所有历史项目均可以保存在强大的数据库系统内，相互参考引用。

❼ 分析参数管理：支持国际通用参数集合，用户可自定义选择具体项目需要分析的参数，并支持新增加特殊参数，提高软件可操作性。

❽ 工艺安全信息梳理：提供工艺安全信息清单。

❾ 风险分布图（Risk Profile）：以直观的方式，展现HAZOP分析建议项完成前后的风险分布情况，如图9-6所示。

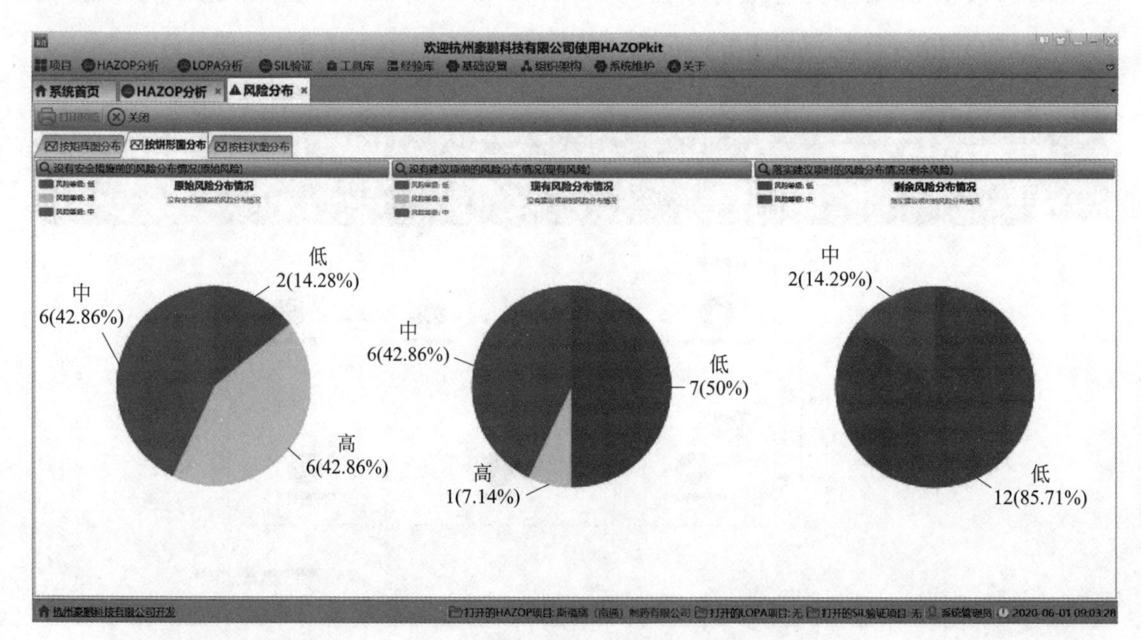

图9-6 **HAZOPkit**软件风险分布

❿ 建议项落实及跟踪机制：实现相关责任人管理，落实计划完成时间，并跟踪建议的完成状况，对于过期未完成的整改建议及时提醒。

⓫ 分析工具库：初始事件的频率和保护层的故障率的数据参考了美国CCPS的相关数据，为每一种事故情形赋予了风险评估所需要的基础数据，达到了半定

量分析的目标。使用过程中，对每种事故情形的风险认知更加深刻，大幅提升了分析工作的质量。

⑫ 风险矩阵：软件集成了瑞迈咨询使用的风险矩阵作为默认矩阵，支持用户自定义风险矩阵，满足不同的风险标准，如图 9-7、图 9-8 所示。

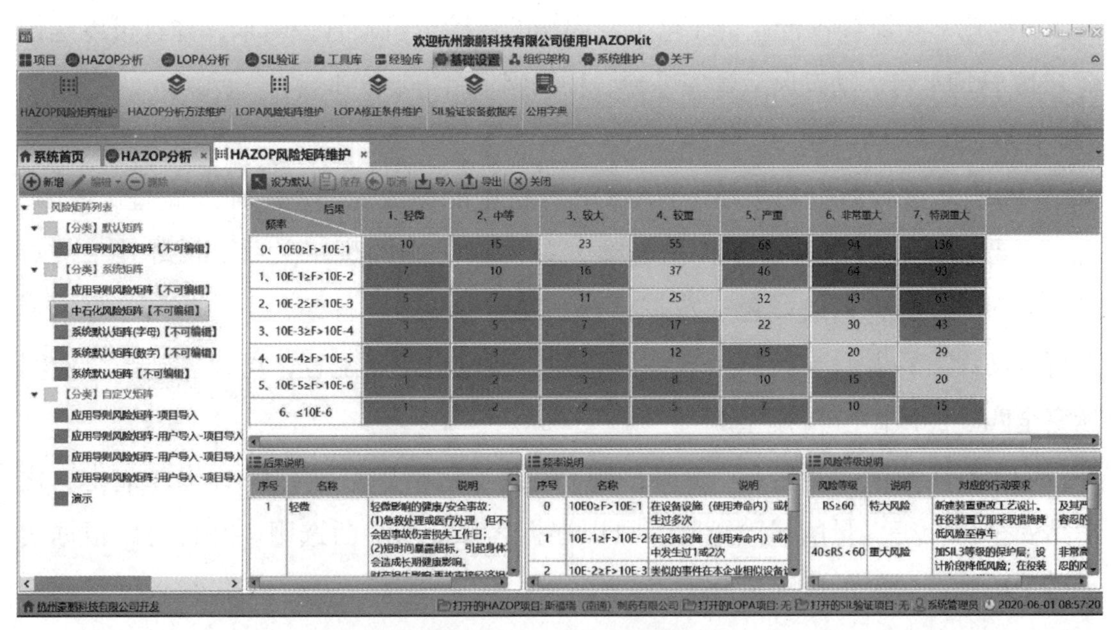

图 9-7 **HAZOPkit** 软件风险矩阵设置

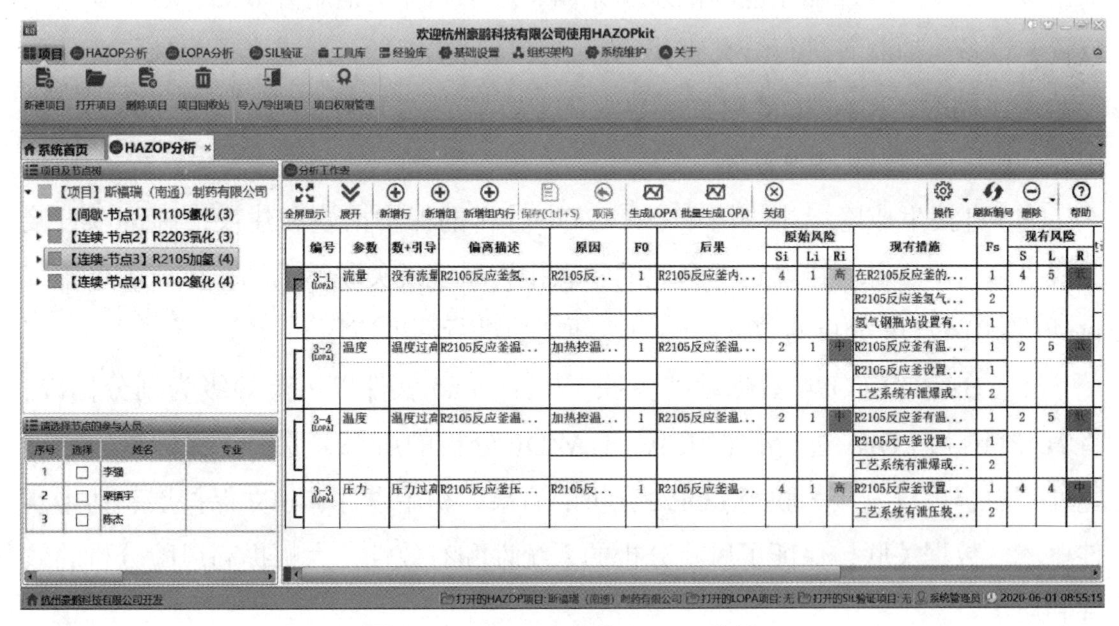

图 9-8 **HAZOPkit** 软件 **HAZOP** 分析

3. 上海歌略软件科技有限公司 RiskCloud 风险分析软件

上海歌略软件科技有限公司开发了拥有独立知识产权的 RiskCloud 风险分析平台。该平台包含了 HAZOP、LOAP、SIL、QRA、FTA、RCA、FMEA、JHA、BowTie 等定性、定量风险分析工具，可用于工艺、自控仪表、设备、SHE 等部门，可满足设计院、工程公司、咨询公司、安全评价公司、高校，石油、化工、医药、机械、港口、物流等各行业企业全生命周期的风险分析及管控需求，并且可以延伸至 EHS 管理平台、动态风险管控平台、物联网平台等功能平台。

RiskCloud-HAZOP 功能特色：

（1）自定义设置分析表单　HAZOP 分析中的参数、偏差、详细偏差、原因、后果、严重度、可能性、保护措施等，各要素之间的逻辑关系（一对一、一对多、多对多）和各列的颜色、数据格式（数字、文本、日期、下拉框等）等均可以自定义设置；并且支持新增其他信息列。通过自定义配置，可以创建与企业实际完全匹配的风险分析模型。

（2）丰富的风险矩阵库　RiskCloud 内嵌了包括中石油、中石化、中化、化学品安全协会等大量的风险矩阵，可以根据客户要求灵活选用。并且可以根据实际需求单独配置新的风险矩阵。

（3）丰富的 HAZOP 经验库　RiskCloud 软件内嵌了 HAZOP 分析数据经验库，根据参数自动关联匹配相应的偏差及原因、后果和保护措施等数据，也可以按照装置、设备、原料等进行分类查找，并且支持自主维护，形成本单位独具特色的经验库。同时，RiskCloud 内置了典型工艺、装置的 HAZOP 分析实战案例，供用户分析参考，如图 9-9 所示。

（4）直接生成隐患排查清单　HAZOP 分析的保护措施和建议措施可以直接生成措施清单，并直接发送至企业的隐患排查系统及关联移动端，生成隐患排查行动项，HAZOP 分析的数据能够快速便捷地进行深度应用。

（5）HAZOP-LOPA 数据动态关联　RiskCloud 软件以风险等级为划分标准，将 HAZOP 与 LOPA 进行数据关联。HAZOP 分析的后果、原因、保护措施、可能性等内容可以直接关联至 LOPA 分析的后果、初始事件、独立保护层、初始事件概率。数据关联，保证了风险分析的系统性和有效性，大幅提高风险分析的效率和质量。

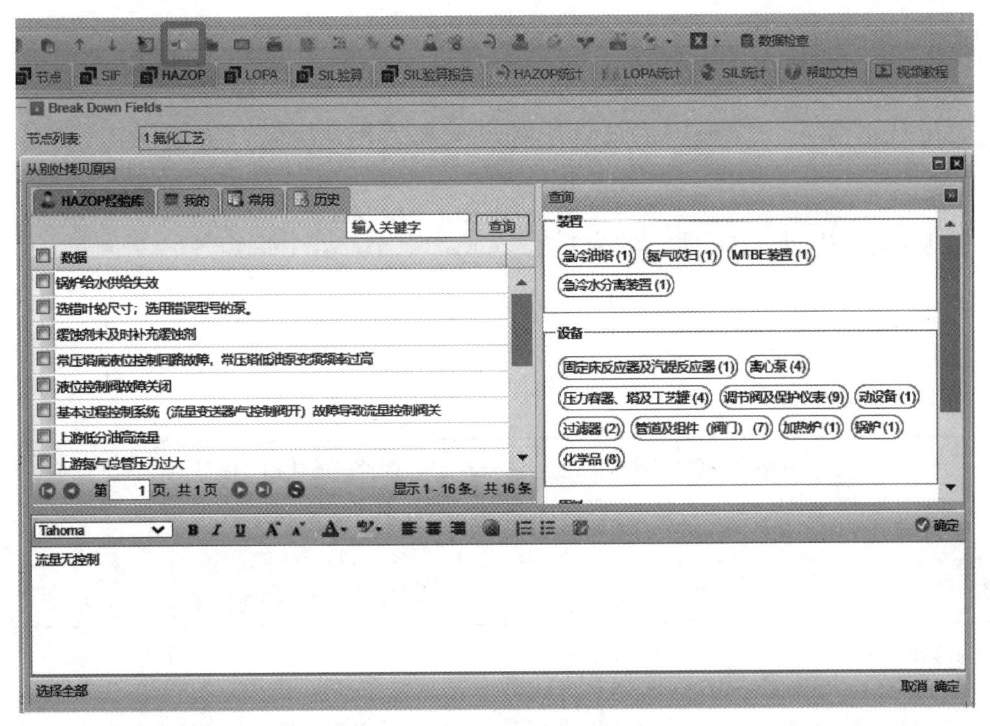

图 9-9　RiskCloud 风险分析软件

（6）HAZOP-BowTie 动态关联　基于 HAZOP 和 BowTie 在分析要素之间的相似性和逻辑关联，RiskCloud 配置有基于 HAZOP 的 BowTie 分析模块，该模块可以直接从 HAZOP 分析读取数据，快速生成 BowTie 分析，提高分析数据的复用率和风险分析效率。

此外，还有上海作本化工科技有限公司开发的 PHA PLUS 软件，如图 9-10 所示。

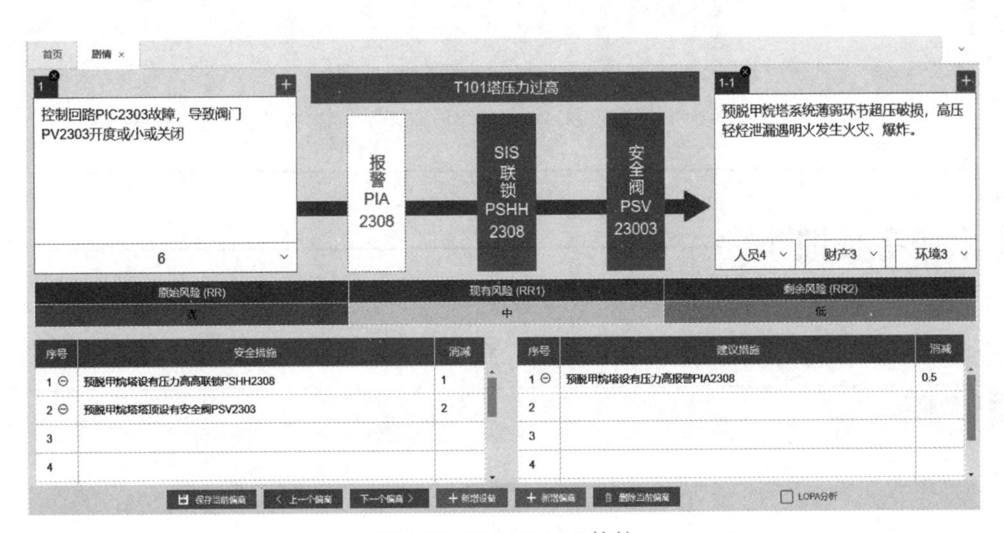

图 9-10　PHA PLUS 软件

【任务实施】

通过任务学习，完成国内计算机辅助 HAZOP 分析软件进展认知(工作任务单 9-2)。

要求：1. 按授课教师规定的人数，分成若干个小组(每组 5 ～ 7 人)。

2. 完成后，以小组为单位向全体分享。

3. 时间在 30min 内，成绩在 90 分以上。

工作任务二　国内计算机辅助 HAZOP 分析软件进展认知　编号：9-2		
考查内容：国内计算机辅助 HAZOP 分析软件进展		
姓名：	学号：	成绩：

1. 判断下列对错。

(1) HAZOP 分析于 20 世纪 80 年代引入我国。(　　)

(2) 2008 年，我国首次提出符合条件的央级企业开展 HAZOP 分析，HAZOP 分析方法在中国的应用进入了快通道。(　　)

(3) 2013 年，原安监总局令第 76 号明确了 HAZOP 分析方法的适用范围和时间，要求相关企业在涉及“两重点一重大”的项目，必须在基础设计阶段开展 HAZOP 分析。(　　)

(4) 2013 年，原安监总局令第 76 号明确了 HAZOP 分析方法的适用范围和时间，相关企业在首次工业化设计的建设项目可以不开展 HAZOP 分析。(　　)

(5)早期，国内 HAZOP 分析人员队伍建设处于初期阶段，很多公司都不太了解 HAZOP 分析的方法，绝大多数的 HAZOP 分析都是用 Excel 电子表格记录的。(　　)

2. 简述 HAZOP 分析软件较表格分析有哪些优点?

【任务反馈】

简要说明本次任务的收获、感悟或疑问等。

1 我的收获

2 我的感悟

3 我的疑问

【项目综合评价】

<table>
<tr><td>姓名</td><td></td><td>学号</td><td></td><td>班级</td><td></td></tr>
<tr><td>组别</td><td></td><td>组长及成员</td><td colspan="3"></td></tr>
<tr><td colspan="6">项目成绩：　　　　　总成绩：</td></tr>
<tr><td>任务</td><td colspan="2">任务一</td><td colspan="3">任务二</td></tr>
<tr><td>成绩</td><td colspan="2"></td><td colspan="3"></td></tr>
<tr><td colspan="6">自我评价</td></tr>
<tr><td>维度</td><td colspan="4">自我评价内容</td><td>评分</td></tr>
<tr><td rowspan="5">知识</td><td colspan="4">1. 了解国外计算机辅助 HAZOP 分析软件发展历程（10 分）</td><td></td></tr>
<tr><td colspan="4">2. 了解国外 HAZOP 分析软件的特点（10 分）</td><td></td></tr>
<tr><td colspan="4">3. 了解国内计算机辅助 HAZOP 分析软件（10 分）</td><td></td></tr>
<tr><td colspan="4">4. 了解国内 HAZOP 分析软件的特点（10 分）</td><td></td></tr>
<tr><td colspan="4">5. 了解 HAZOP 分析软件较人工 HAZOP 分析的优势（10 分）</td><td></td></tr>
<tr><td rowspan="3">能力</td><td colspan="4">1. 掌握计算机辅助工具的使用方法（10 分）</td><td></td></tr>
<tr><td colspan="4">2. 熟知 HAZOP 分析软件的优势（10 分）</td><td></td></tr>
<tr><td colspan="4">3. 熟知国内外 HAZOP 分析软件的特点（10 分）</td><td></td></tr>
<tr><td rowspan="2">素质</td><td colspan="4">1. 认识到 HAZOP 分析软件的发展前景（10 分）</td><td></td></tr>
<tr><td colspan="4">2. 树立发展国内计算机辅助 HAZOP 分析软件的信心（10 分）</td><td></td></tr>
<tr><td colspan="5">总分</td><td></td></tr>
</table>

续表

自我评价		
我的反思	我的收获	
	我遇到的问题	
	我最感兴趣的部分	
	其他	

【行业形势】

从 HAZOP 分析看我国的“卡脖子”技术

对比中外HAZOP分析可以看出，我们国家HAZOP水平与发达国家相比仍然存在差距，尤其是在计算机辅助HAZOP分析方面，欧美等发达国家已经有了30多年的历史，到目前已经研发出多种成熟的相关软件，如基于定性模型推理的HAZOP分析“专家系统”软件、基于信息标准的智能化HAZOP分析软件等，很多软件得到了广泛的应用。相比之下，我们国家HAZOP分析软件的研究与开发始于2000年左右，虽然也取得了一定的突破，但是国产化软件的技术水平与国外发达国家的相比还存在一定差距。

HAZOP分析软件只是冰山一角，虽然我们在技术上与发达国家还有差距，但至少HAZOP分析软件可以实现国产替代，而以芯片、光刻机、计算机操作系统等为代表的很多“卡脖子”技术短期内国产替代很难。近几年的中美贸易战，让更多的国人正视了中美科技实力的差距，认识到我们还有很多急需攻克的核心技术，还有很多“卡脖子”的难题等待我们去解决。

《科技日报》曾经推出系列文章报道制约我国工业发展的35个“卡脖子”领域。梳理35个“卡脖子”技术领域，我们发现其中有13个领域直接或间接与化学、化工相关（见下表），占比超过37%。我国化工产业“中低端占比大、高端占比小”的产业结构决定了不能单纯地以工业产值数作为化工人才对行业发展贡献的衡量指标，更重要的是看能否突破行业

我国“卡脖子”技术现状

"卡脖子"技术。

与化学、化工相关的"卡脖子"领域

序号	"卡脖子"领域	化学、化工相关科技支撑
1	光刻机	光敏剂、蚀刻胶、高纯透光材料
2	芯片	提炼高纯二氧化硅并纯化拉晶工艺
3	航空发动机短舱	碳纤维复合材料
4	触觉传感器	导电橡胶和塑料、碳纳米管、石墨烯等
5	ICLIP 技术	预腺苷化、磷酸化处理
6	高端电容电阻	钛酸钡、氧化钛、有机胶、树脂等
7	光刻胶	高分子树脂、色浆、单体、感光引发剂
8	微球	高纯苯乙烯
9	燃料电池	铂基催化剂
10	锂电池	电池隔膜材料(聚乙烯、聚丙烯)、陶瓷材料
11	真空蒸镀机	有机发光材料蒸镀技术
12	手机射频器件	砷化镓和硅锗等半导体材料

行业的变革和大环境的发展，对化工人才提出了全新的机遇和挑战。面向未来，必须坚定科技自信，努力提升自身的技术技能，积极创新，力争突破化工"卡脖子"技术，这是化工人的使命和担当。

第一，我们要客观认识化工的正面形象，树立正确的价值观。随着社会的进步和技术的发展，以及行业逐渐普及 HAZOP 应用，化工行业将逐渐走向绿色化、智能化，也将更加安全和环保，这是树立化工正面形象的重要支撑。**我们应该坚定信念，理解化工，学习化工，投身化工。**

第二，我们要对未来化工发展持有信心。根据我国"十四五"规划和 2035 年远景目标建议，未来我国战略性新兴产业将迎来大发展，新一代信息技术、生物技术、新能源、新材料、高端装备、新能源汽车、绿色环保、航空航天以及海洋装备等产业将要壮大发展。这些产业的背后，均与化工行业息息相关，随着我国战略性新兴产业的发展壮大，以 HAZOP 为代表的新技术、新手段也必将得到更深入地应用普及。**我们应该坚定科技自信，**

扫描二维码
查看更多资讯

树立产业报国的行业情怀，热爱化工并投身化工，努力成为为化工行业发展贡献力量的人才。

第三，我们应该主动适应未来变化，主动培养适应未来的职业能力。当前，新一轮科技革命和产业革命，正在迅速改变着传统的生产模式和生活模式，传统技术和技能领域将不断重构，新技术的发展不断派生出新职业，许多传统职业将逐渐被机器替代甚至消失，产业不断跨界和融合。这就要求我们既要具备化工专业背景，还要了解或掌握HAZOP分析技术等新兴手段。**我们应该不断增强自身的学习能力（包括学习新技术的能力、学习新技能的能力）、批判性思考能力、沟通能力、合作能力和创意能力等这些“本体属性”能力，以更好地适应行业未来发展。**

初级题库 150 题

1. 大型化工企业危险化工工艺的装置在初步设计完成后要进行 HAZOP 分析。国内首次采用的化工工艺，要通过(　　)有关部门组织专家组进行安全论证。

   A. 县级　　B. 设区的市级　　C. 省级　　D. 国家

2. 在涉及危化品的领域，“MSDS”一般是指(　　)。

   A. 危险化学品安全作业指导书　　B. 生产工艺

   C. 清洗剂说明书　　D. 分板机操作规程

3. 下列不属于 HAZOP 分析内容的是(　　)。

   A. 特别重大环境事件　　B. 重大环境事件

   C. 较大环境事件　　D. 一般环境事件

4. HAZOP 是(　　)的简称。

   A. 危险与可操作性分析　　B. 过程安全管理

   C. 故障树分析　　D. 定量危险分析

5. 危险和可操作性研究是一种(　　)的安全评价方法。

   A. 定量　　B. 概率　　C. 定性　　D. 因素

6. HAZOP 分析中，分析对象通常是(　　)。

   A. 由分析组的组织者确定的　　B. 由被评价单位指定的

   C. 由装置或项目的负责人确定的　　D. 由分析组共同确定的

7. HAZOP 分析小组需要(　)专业技术人员共同参与。

   A. 设备、仪表　　B. 工艺、设备

   C. 安全、仪表　　D. 工艺、安全、设备、仪表、操作

8. 对于危险程度高的系统，划分节点应遵循的原则是(　　)。

   A. 在尽可能包含完整事故剧情的情况下，节点划分尽可能地小一些

   B. 节点划分要尽可能地大，因为节点划分大才能包含完整的事故剧情

C. 节点划分可大可小，因为节点划分的大小不影响分析的结果

D. 节点划分尽可能地小，不考虑事故剧情的完整性

9. 员工轻度受伤属于哪种事故后果？（　　）

A. 职业健康　　B. 财产损失　　C. 产品损失　　D. 环境影响

10. 根据 AQ/T 3054—2015 规定，下列选项中，属于设备故障类原因的是（　　）。

A. 维护失误　　B. 临近区域火灾或爆炸

C. 公用工程故障　　D. 控制系统故障

11. 下列选项中都是 HAZOP 分析过程中常见的安全措施的是（　　）。

A. 安全阀、报警系统、灭火器　　B. 安全阀、报警系统、阻火器、爆破片

C. 安全阀、报警系统、安全帽　　D. 报警系统、爆破片、劳保服

12. 为从 HAZOP 分析中得到最大收益，应做好分析结果记录、形成文档并做好后续管理跟踪，（　　）负责会议记录工作。

A. HAZOP 分析记录员　　B. 安全员

C. HAZOP 分析主席　　D. 工艺工程师

13.（多选）以下属于危险化学品信息的是（　　）。

A. 毒性信息　　B. 火灾和爆炸资料　　C. 化学反应资料　　D. 腐蚀性资料

14.（多选）下列场所需要配置或张贴安全数据清单（MSDS）的是（　　）。

A. 危险物品使用的场所　　B. 危险物品储存的场所

C. 危险物品处理的场所　　D. 危险物品购买的部门

15.（多选）HAZOP 分析的工作程序主要包括（　　）。

A. 分析界定　　B. 分析准备

C. 分析会议　　D. 分析文档和跟踪

16.（多选）HAZOP 分析过程的三大步骤是（　　）。

A. 收集资料　　B. 编写报告　　C. 项目小组讨论　　D. 开会讨论

17.（多选）HAZOP 分析主席主要职责有（　　）。

A. 协助项目负责人，确定分析小组成员

B. 制订分析计划、进行分析准备

C. 主持分析会议、编写分析报告

D. 与分析项目负责人沟通

18.（多选）优秀的 HAZOP 分析主席具有以下哪些优点？（　　）

A. 有综合专业特长和实际工作经历

B. 善于启发集体智慧

C. 善于把握分析深度和进度

D. 善于启发和把握评价的客观性和真实性

19.（多选）偏离选择的原则有（　　）。

A. 节点内可能产生的偏离

B. 可能有安全后果的偏离

C. 至少原因或后果有一个在节点内的偏离

D. 优先靠近后果的偏离

20.（多选）下列属于保护措施的是（　　）。

A. 工艺设计　B. 基本控制系统　C. 安全仪表系统　D. 物理保护

21.（多选）风险矩阵作为一种有效的风险评估和管理方法，其优点有（　　）。

A. 广泛的适用性　B. 简单直观的陈述

C. 可运用实际的经验　D. 经过简单的培训就可以使用

22.（多选）在 HAZOP 分析应用中，风险和成本关系正确的是（　　）。

A. 晚投入，高风险花大钱　B. 早投入，高风险花大钱

C. 晚投入，低风险花小钱　D. 早投入，低风险花小钱

23.（多选）关于项目建议措施，能作为拒绝接受建议的理由的是（　　）。

A. 建议所依据的资料是错误的

B. 建议执行困难

C. 另有更有效、更经济的方法可供选择

D. 建议会增加员工的工作量

24.（多选）事故剧情的构成要素，包括（　　）。

A. 初始事件　B. 中间事件

C. 影响　D. 减缓性保护措施

25.（多选）当离心泵发生故障后，初步判定属于机械故障，针对这一初始事件可以设置的安全措施有（　　）。

A. 分析泵的选型是否合适　B. 分析泵关断系统的联锁是否必要

C. 分析装置的供电是否有冗余回路　D. 分析泵的检修方法

26.（多选）HAZOP 分析表中包含有偏差及（　　）等。

A. 原因　　B. 后果　　C. 危险等级　　D. 建议措施

27.（多选）在 AQ/T 3049—2013 中，初始原因分为几大类？（　　）

A. 设备故障　　B. 公用工程失效　　C. 人员失误　　D. 外部事件

28.（多选）在 HAZOP 分析中，事故后果包含哪几方面？（　　）

A. 人员损害　　B. 社会影响　　C. 财产损失　　D. 生产周期

29.（判断）化学品安全技术说明书（MSDS），是关于化学品燃、爆、毒性和生态危害以及安全使用、泄漏应急处置、主要理化参数、法律法规等方面信息的综合性文件。

30.（判断）在役装置的 HAZOP 分析原则上每 3 ～ 5 年进行一次，装置发生与工艺有关的较大事故后和装置进行工艺变更之前都应及时开展危险与可操作性分析。

31.（判断）两重点一重大是指：重点监管的危险化学品，重点监管的危险化工工艺，危险化学品重大隐患。

32.（判断）在工艺操作的初期阶段使用 HAZOP 分析时，只要有适当的工艺和操作规程方面的资料，评价人员就可以依据它进行分析，但 HAZOP 的分析并不能完全替代设计审查。

33.（判断）HAZOP 分析方法是基于这样一个基本概念，即各个专业、具有不同知识背景的人员所组成的分析组一起工作，比他们独自一人单独工作更具有创造性与系统性，能识别更多的问题。

34.（判断）HAZOP 分析是一种定量的风险评价方法。

35.（判断）HAZOP 分析是工艺安全分析（PHA）的工具之一，即是一种工艺危险分析方法，全称是危险与可操作性分析。

36.（判断）所谓事故剧情就是导致损失或相关影响的非计划事件或事件序列发展历程，包括涉及事件序列的保护措施能否成功按照预定设计意图发挥干预作用。

37.（判断）HAZAOP 分析的评价组的大多数评价人员应具有 HAZOP 研究经验，而 HAZOP 分析组最少应由 4 人组成，包括组织者、记录员、两名熟悉过程设计和操作人员。

38.（判断）在节点划分时，同一个设备最好划在同一个节点内。

39.（判断）引导词是对意图进行限定或量化描述的简单词语，引导出工艺参数的各种偏差。

40.（判断）HAZOP 分析中“原因”是指引起偏差的原因，“后果”指偏离所产生的后果。

41.（判断）当控制回路失效时，但该仪表中报警还可以作为独立保护层，失效概率都为 0.1。

42.（判断）在经过 HAZOP 分析之后，确定了该偏离导致的风险为可接受风险，因此风险被消除。

43.（判断）风险矩阵将每个损失时事件发生的可能性（L）和后果严重程度（S）两个因素结合起来，根据风险 R 在二维平面矩阵中的位置，将其划分为多个等级。

44.（判断）HAZOP 研究中的工艺过程不同，所需资料不同，但进行 HAZOP 分析必须要有工艺过程流程图及工艺过程的详细资料。

45.（判断）在分析危险剧情的现有安全措施后，HAZOP 分析团队认为该事故的剩余风险已经能够接受，此时依然需要提出建议安全措施以作备用。

46. 如果想知道所使用的化学品是否易燃，可参考有关的物料安全资料表（MSDS）内的（　　）。

A. 分子量　　B. 蒸汽压力　　C. 闪点　　D. 密度

47. 要求所有企业开展 HAZOP 分析的文件是（　　）。

A. 安监总管三〔2011〕93 号　　B. 安监总管三〔2012〕87 号

C. 安监总管三〔2010〕186 号　　D. 安监总管三〔2013〕76 号

48. 涉及“两重点一重大”的危险化学品生产、储存企业应每（　　）年至少开展一次危险与可操作性（HAZOP）分析。

A. 2　　B. 3　　C. 4　　D. 5

49. 按照《生产安全事故报告和调查处理条例》（中华人民共和国国务院令第 493 号）规定，符合特别重大事故的划分条件之一是（　　）。

A. 造成 30 人以上死亡　　B. 10 人以上 30 人以下死亡

C. 经济损失 1000 万以下　　D. 经济损失 5000 万元到 1 亿元

50. MSDS 是指（　　）。

A. 隐患统计分析表　　B. 风险分析矩阵

C.“允许和不允许施工”清单　　D. 化学品安全说明书

51.《关于加强化工安全仪表系统管理的指导意见》(安监总管三〔2014〕116号)要求，涉及“两重点一重大”在役生产装置的化工企业和危险化学品储存单位，要全面开展过程危险分析，并评估现有(　　)是否满足风险降低要求。

A. 管理措施　B. 生产条件　C. 安全仪表功能　D. 技术力量

52.《关于加强化工过程安全管理的指导意见》(安监总管三〔2013〕88号)中的“两重点一重大”指的是(　　)。

A. 重点装置、重点岗位、重大隐患

B. 重点人员、重点设备、重大事故

C. 重点监管危险化学品、重点监管危险化工工艺和危险化学品重大危险源

D. 重点装置、重点仓库、重大危险源罐区

53. 涉及“两重点一重大”和首次工业化设计的建设项目，必须在基础设计阶段开展(　　)分析。

A. SCL　B. JSA　C. HAZOP　D. JHA

54. 涉及“两重点一重大”和首次工业化设计的建设项目，必须在(　　)开展HAZOP分析。

A. 可行性研究阶段　B. 基础设计阶段

C. 实验室阶段　D. 竣工验收阶段

55. HAZOP分析方法最早是由(　　)开创使用的。

A. 德国拜耳集团　B. 中国石油化工集团

C. 英国帝国化学工业集团　D. 美国陶氏化学公司

56.(　　)可用于在役装置，作为确定工艺操作危险性的依据。

A. 危险指数评价　B. 危险和可操作性研究

C. 预先危险分析　D. 故障假设分析

57. 下列关于HAZOP分析说法中，错误的是(　　)。

A. 危险和可操作性研究的侧重点是工艺部分或操作步骤各种具体值

B. 当对新建项目工艺设计要求很严格时，使用HAZOP分析方法最为有效

C. HAZOP分析可以替代设计审查

D. 进行HAZOP分析必须要有工艺过程流程图及工艺过程详细资料

58. 正确运用 HAZOP 分析方法，不可以达到的效果是（　　）。

A. 预估危险可能导致的不利后果　　B. 评估潜在事故的风险水平

C. 帮助团队加深对工艺系统的认知　　D. 优化装置的经济技术指标

59. 下列哪个环节的工艺安全分析可以运用 HAZOP 分析方法？（　　）

A. 项目建议书　B. 可行性研究　　C. 详细设计　　D. 以上都是

60. 以下说法错误的是（　　）。

A. 节点的划分没有统一的标准

B. 爆破片、安全阀是常见的保护措施

C. HAZOP 分析仅适用于设计阶段

D. HAZOP 分析是工艺危害分析的重要方法之一

61.（判断）工程变更后不需要再次进行 HAZOP 分析。

62. 关于 HAZOP 分析，下列说法正确的是（　　）。

A. HAZOP 是一种定量的分析方法　　B. HAZOP 分析一个人就可以完成

C. HAZOP 分析无法发现可操作性问题　　D. HAZOP 分析是一种头脑风暴法

63. 下列关于在役装置 HAZOP 分析的作用，错误的一项是（　　）。

A. 系统识别在役装置风险

B. 为操作规程的修改完善提供依据

C. 不能为隐患治理提供依据，完善工艺安全信息

D. 为操作人员的培训提供教材

64. 下列关于 HAZOP 分析说法错误的是（　　）。

A. HAZOP 分析工作流程原则上包括前期准备、开展分析、编制报告、沟通交流、评审和改进措施

B. HAZOP 分析是一种用于辨识设计缺陷、工艺过程危害及操作性问题的结构化分析方法

C. 在役装置的 HAZOP 分析原则上每 3 年进行一次

D. HAZOP 分析工作应以企业自主开展为主，技术机构支持为辅，鼓励全员参与

65. 危险与可操作性研究是通过引导词（关键词）和标准格式寻找工艺偏差，以辨识系统存在的（　　），并确定控制该风险的对策。

A. 危险发生可能性　　B. 危险源

C. 事故隐患　　D. 不安全行为

66. 危险和可操作性研究的侧重点是（　　）。

A. 危险危害的危险性等级

B. 工艺过程或物料的危险性系数

C. 工艺部分或操作步骤各种具体值

D. 过去的经验教训和同类行业中发生的事故情况

67. 基于知识的 HAZOP 分析方法的优点是将过去的经验转化为实践，而且在装置的设计和建设过程的（　　）阶段都可使用。

A. 开始　　B. 最后　　C. 中间　　D. 各个

68. 工艺安全管理系统可分为（　　）三个方面。

A. 技术方面、设备方面、人员方面　　B. 技术方面、设备方面、环境方面

C. 设备方面、人员方面、环境方面　　D. 技术方面、环境方面、人员方面

69. 事故剧情是由事故初始原因起始，在（　　）的推动下引发一系列中间事件，最终导致不利后果的事件序列。

A. 引导词　　B. 偏离　　C. 原因　　D. 安全措施

70. 开展事故调查一般包括 5 个步骤，在这 5 个步骤中，分析原因发生的过程和之后发生的事件属于（　　）。

A. 搜集资料　　B. 评估　　C. 措施　　D. 报告

71. "明确工作范围，报告编制的要求，各参与方的职责，并组建分析团队"属于 HAZOP 分析的哪个主要步骤的工作内容？（　　）

A. 发起阶段　　B. 准备阶段

C. 会议阶段　　D. 报告编制与分发

72. 安全评价方法中，危险和可操作性研究方法可按（　　）等步骤完成。

A. 分析的准备、完成分析和编制现状结果报告

B. 分析的准备、危险分析和编制分析结果报告

C. 分析的准备、危险分析和编制危险分析结果报告

D. 分析的准备、完成分析和编制分析结果报告

73. 危险与可操作性研究的分析步骤包括（　　）、定义关键词表、分析偏差、分析偏差原因及后果、填写汇总表等。

A. 收集资料　　B. 划分单元

C. 汇总信息　　D. 成立评价小组

74. 危险和可操作性研究可以按(　　)个步骤来完成。

A. 4　　B. 2　　C. 3　　D. 5

75. 对于在役装置的 HAZOP 分析，分析目标不包括(　　)。

A. 识别在执行操作规程过程中潜在的人员暴露

B. 识别潜在的设备超压

C. 在拥有了新的操作经验后，更新以前开展过的工艺危险分析

D. 识别危险化学品泄漏的可能途径

76. 使用基于知识的 HAZOP 分析方法对当前设计与根据以往装置经验建立并形成文件的基本设计实践进行比较时，评价人员应对(　　)非常熟悉。

A. 工艺过程　　B. 标准　　C. 操作过程　　D. 物料与设备

77. 下列关于 HAZOP 分析方法适用范围的说法中，正确的是(　　)。

A. 主要应用于连续的化工生产工艺

B. 不能用于间歇系统的安全分析

C. 可以在费用变动很大的情况下，对设计进行变动，在工艺操作的初期阶段使用 HAZOP 分析方法

D. 对于新建项目，当工艺设计要求很严格时，使用 HAZOP 分析方法最为有效，但对于在役项目，就不可以用 HAZOP 分析方法进行分析

78. (判断) HAZOP 分析可以不用组织分析小组，直接由 1 ～ 2 人完成。

79. 以下不属于 HAZOP 分析小组职责的是(　　)。

A. 划分节点　　B. 后果评价　　C. 提出建议　　D. 重新进行设计

80. 下面属于工艺工程师在 HAZOP 分析中的责任的是(　　)。

A. 协助项目经理计划和组织 HAZOP 分析会议

B. 负责提供安全方面的信息，并参与讨论

C. 负责介绍工艺流程，解释设计意图

D. 负责跟踪分析提出的所有相关意见和建议的落实与关闭

81. (判断)在划分节点时，我们可以将同一个管线划成不同的节点。

82. (判断)节点划分不宜过大，越小越好，这样分析风险时更加精确，省时省力。

83. (判断)节点又称子系统，指具体确定边界的设备(如容器、两容器之间的管线

等）单元。

84. HAZOP 分析需要将工艺图或操作程序划分为分析节点或操作步骤，然后用（　　）找出过程的危险。

A. 偏差　　B. 引导词　　C. 工艺参数　　D. 经验

85. 危险和可操作性研究中，每个引导词都是和相关工艺参数结合在一起的，以下关于引导词和工艺参数结合成“偏差”的表述，错误的是（　　）。

A. LESS（过少）+REACTION（反应）= 意外反应

B. NO（空白）+PRESSURE（压力）= 真空

C. ASWELLAS（伴随）+FLOW（流量）= 流向错误

D. LESS（过小）+FLOW（流量）= 流量过小

86. HAZOP 分析使用引导词能识别出每个分析节点或操作步骤的所有偏差，简单地将所有的引导词与工艺参数组合会产生很多的偏差。引导词有 7 个，工艺参数有 5 个，考虑 10 个主要设备，则偏差总数为（　　）个。

A. 35　　B. 70　　C. 50　　D. 350

87. 全部是具体参数的是（　　）。

A. 温度、压力、流量、反应　　B. 流量、温度、压力、液位

C. 压力、液位、气化、温度　　D. 流量、温度、维护、压力

88. 参数是有关过程的，用来描述它的物理、化学状态或按照什么规律正在发生的事件。参数分为具体参数和概念性参数两类，以下都属于具体参数的是（　　）。

A. 压力、温度、液位　　B. 压力、气化、流量

C. 流量、液位、反应　　D. 混合、气化、压力

89. 下面 HAZOP 分析工艺参数中，属于概念性参数的是（　　）。

A. 温度　　B. 时间　　C. 压力　　D. 混合

90. HAZOP 分析引导词“晚（LATE）”的含义是（　　）。

A. 相对顺序或序列延后　　B. 时间太长，太迟

C. 操作动作延后　　D. 某事件在序列中发生较给定时间晚

91. HAZOP 分析引导词的主要目的之一是能够使所有相关（　　）的工艺参数得到评价。

A. 偏差　　B. 设备　　C. 工艺　　D. 装置

92.（判断）基于引导词的 HAZOP 分析方法最初是法国帝国化学公司建立的。

93.（判断）HAZOP 的偏差分析是基于“引导词”的引导。

94. HAZOP 分析中，可以用于人失误分析的级别引导词包括（　　）。

A. 部分　　B. 多　　C. 少　　D. 伴随

95. HAZOP 分析技术基于（　　）来分析偏离正常操作时所造成的各种影响。

A. 引导词　　B. 参数　　C. 偏离　　D. 后果

96. HAZOP 分析需要将工艺图或操作程序划分为节点或操作步骤，然后使用引导词一一进行分析。

97. 偏离选择的原则是（　　）。

A. 节点内可能产生的偏离、可能有安全后果的偏离、至少原因或后果有一个在节点内的偏离、优先靠近后果的偏离

B. 节点外可能产生的偏离

C. 尽量选择无安全后果的偏离

D. 原因和后果都可以不在节点内

98.（判断）HAZOP 分析中偏离所造成的后果是指不考虑任何保护措施的后果。

99. 设备损坏属于哪种事故后果？（　　）

A. 职业健康　　B. 财产损失　　C. 产品损失　　D. 环境影响

100. 有毒气体排放影响属于哪种事故后果？（　　）

A. 职业健康　　B. 财产损失　　C. 产品损失　　D. 环境影响

101. 在进行 HAZOP 分析时，有一些情况下偏离可以作为后果，下列说法错误的是（　　）。

A. 后果在节点外，且离当前正在分析的偏离过远时

B. 偏离还需进一步分析时

C. 偏离的后果很严重时

D. 出界区物料的偏离，可以作为后果

102.（判断）HAZOP 分析过程中的“后果识别”是指：在假设任何已有的安全保护，以及相关的管理措施都失效的前提下，此时所导致的最终不利后果。

103. 根据 AQ/T 3054—2015 规定，下列选项中，属于设备故障类原因的是（　　）。

A. 维护失误　　B. 临近区域火灾或爆炸

C. 泄漏　　D. 操作失误

104. 常见原因一般包括很多种类，其中人员违反操作规程属于（ ）。

A. 人员失误 B. 训练不足 C. 管理问题 D. 规程问题

105. 常见原因一般包括很多种类，设备采用了不恰当焊接方式属于（ ）。

A. 设备 / 材料问题 B. 设计问题

C. 人员失误 D. 外部原因

106. HAZOP 分析中寻找原因的标准是（ ）。

A. 分析至间接原因 B. 分析至根原因

C. 分析至初始原因 D. 分析至失事点前的一个原因

107. 常见原因一般包括很多种类，设备或材料选择错误属于（ ）。

A. 设备 / 材料问题 B. 设计问题

C. 人员失误 D. 外部原因

108. 常见原因一般包括很多种类，没有提供培训属于（ ）。

A. 人员失误 B. 规程问题 C. 管理问题 D. 训练不足

109.（ ）是指直接导致事故发生的原因。

A. 直接原因 B. 根原因 C. 初始原因 D. 起作用的原因

110.（ ）是指对事故的发生起作用，但其本身不会导致事故发生。

A. 直接原因 B. 根原因 C. 初始原因 D. 起作用的原因

111.（ ）如果得到矫正，能防止由它导致的事故或类似的事故再次发生。

A. 直接原因 B. 根原因 C. 初始原因 D. 起作用的原因

112.（ ）是一个事故序列中第一个事件。

A. 直接原因 B. 根原因 C. 初始原因 D. 起作用的原因

113. 某缓冲罐由于出厂制造时，焊接方式不当，造成设备后续使用中发生物料泄漏，该原因属于事故后果的（ ）。

A. 直接原因 B. 根原因 C. 初始原因 D. 起作用的原因

114. 某操作人员在调整 DCS 系统时，误操作导致工艺系统失调，该原因属于事故后果的（ ）。

A. 直接原因 B. 根原因 C. 初始原因 D. 起作用的原因

115. 某缓冲罐发生物料泄漏，事后通过调查报告发现，操作人员在检查和应对方面存在训练不足的问题，该原因属于事故后果的（ ）。

A. 直接原因 B. 根原因 C. 初始原因 D. 起作用的原因

116. 以下不属于初始事件的是（　　）。

A. 冷却水中断　　B. 雷击

C. 基本工艺控制系统仪表回路失效　　D. 储罐超压

117. 下列不是初始事件的基础频率的一般来源的是（　　）。

A. 文献和数据库　　B. 行业和公司经验

C. 基础设计资料　　D. 设备供货商提供的数据

118.（判断）在选择失效频率时，国内装置可以直接参照国外装置失效频率数据库进行频率设定。

119.（判断）初始事件频率是用来描述事故剧情初始事件发生的可能性，在确定初始事件频率之前，事故剧情发展步骤的所有原因都应该进行评估和验证，比如：安全阀、超速联锁等保护措施。

120.（判断）在选择初始原因的失效频率时，我们选择频率区间中，数值最大的作为当前初始原因的失效频率值。

121. 风险是指负面事件出现的（　　）的综合考量。

A. 后果原因与保护措施

B. 后果严重性与出现后果的可能性

C. 后果严重性与保护措施的失效频率

D. 后果造成的财产损失与后果造成的环境影响

122.（判断）对一个大型化工集团公司而言，公司总部和下属分公司没必要分别制定各层面的风险矩阵。

123. 风险矩阵中后果严重度分类时，一般不考量（　　）。

A. 环境影响　　B. 人员伤亡　　C. 财产损失　　D. 产品质量影响

124. HAZOP 分析报告的审查不包括（　　）。

A. 完成分析所用的时间长短

B. HAZOP 分析团队人员组成是否合理

C. HAZOP 分析提出的建议措施的关闭情况

D. 分析所用资料的完整性和准确性

125. HAZOP 分析方法不适用于（　　）。

A. 人员作业　　B. 流体工艺　　C. 设备设施　　D. 以上都不是

126. 为从 HAZOP 分析中得到最大收益，应做好分析结果记录、形成文档并做好后续管理跟踪。(　　)负责确保每次会议均有适当的记录并形成文件。

A. HAZOP 分析记录员　　B. 安全管理人员

C. HAZOP 分析主席　　D. 调度员

127. 编写 HAZOP 分析表时，采用偏差到偏差方法应用较多，主要原因是(　　)。

A. 分析所需时间少　　B. 表格长度短

C. 分析质量好　　D. 数据较其他 HAZOP 分析方法准确

128.(判断) HAZOP 分析方法只可用于连续系统的安全分析。

129.(判断)建设项目及在役装置均可以使用 HAZOP 分析方法。

130.(判断)对于新建项目，当工艺设计要求很严格时，使用 HAZOP 分析方法最为有效。

131.(判断)工艺危险分析的目的是确保工艺系统在允许接受的风险水平下运行，为此只需要识别工艺系统存在的各种危险以及这些危险引发的事故情景。

132.(多选) HAZOP 分析工作流程原则上包括(　　)。

A. 前期准备　B. 开展分析　C. 编制报告　D. 建议措施处理

133.(多选)下列安全预评价方法中，定性评价方法有(　　)。

A. 危险度评价法　　B. 预先危险分析

C. 危险和可操作性分析　　D. 爆炸指数评价法

134.(多选)生产运行阶段 HAZOP 分析的成功因素有(　　)。

A. 随意安排 HAZOP 会议时间

B. 不重视现场评价

C. 充分发挥技术人员的作用

D. 经验丰富的 HAZOP 分析团队主席

135.(多选)初始事件的基础频率一般来自于(　　)。

A. 文献和数据库　　B. 行业或公司经验

C. 设备供货商提供　　D. 熟练工的经验

136.(多选)对于开车阶段的 HAZOP 分析，分析目标包括(　　)。

A. 识别在开车过程中可能犯的错误

B. 确保以前所有的工艺危险分析中发现的问题都已妥善解决

C. 识别周边的设备给设备维护带来的危险

D. 识别设备清洗过程中的危险

137.（多选）以下是 HAZOP 分析团队必须包含的成员的是（　　）。

A. 工艺工程师 B. 仪表工程师 C. 安全工程师 D. 设计人员

138.（多选）HAZOP 分析报告中，附件一般包括（　　）。

A. 带有节点划分的 P&ID 图 B. 风险矩阵表

C. 建议措施总表 D. 操作规程

139. 离心泵启动前需要灌泵，原因是离心泵（　　）。

A. 有汽蚀现象 B. 有泵壳

C. 无自吸能力 D. 扬程不高

140. 在石化企业典型安全措施中，BPCS 是指（　　）。

A. 本质安全设计 B. 基本过程控制系统

C. 安全仪表功能 D. 物理保护

141.（判断）在事故剧情中处于初始事件至失事点之间的措施称为防止类安全措施，对危险传播有不同程度的阻止作用。

142.（判断）安全措施应该独立于偏离产生的原因。

143.（判断）某个流量控制回路发生故障造成流量过高，从该控制回路中获得信号的仪表可以视为现有安全措施之一。

144.（多选）某企业按照国家、省、市、区安委办印发的文件要求积极开展企业双重预防机制建设，工作领导小组根据企业的实际决定选用风险矩阵法作为其中一种风险评估方法开展安全风险等级评估工作。在运用风险矩阵法进行风险等级评估过程中，需考虑的因素有（　　）。

A. 事故发生的可能性 B. 控制措施的状态

C. 危险性 D. 事故后果严重程度

145.（多选）有关提高 HAZOP 分析报告质量的经验，说法正确的是（　　）。

A. 反向流通常是可信的剧情，即使在管路中设置了止逆阀

B. 将外部火灾作为温度超高的原因

C. 安全措施不仅仅只列写在直接应用它的偏离和节点处

D. 如果风险等级不可接受，必须提出建议措施

146.（多选）在 HAZOP 分析过程中，可将风险分为（　　）。

A. 初始风险 B. 原始风险 C. 降低后的风险 D. 剩余风险

147.（多选）头脑风暴是 HAZOP 分析的关键基础，对“头脑风暴”理解正确的是（　　）。

A. 是相关的多种专业不同的知识背景的人在一起讨论分析

B. 利用头脑风暴分析问题更具有创造性

C. 利用头脑风暴可以分析出工艺系统中所有的潜在危险

D. 利用头脑风暴分析问题能识别更多的问题

148. HAZOP 分析对各项工作细节要求很高，不论是 HAZOP 分析范围的界定，还是 HAZOP 分析的准备，不论是偏离确定，还是后果识别以及文档跟踪等，都需要一丝不苟、认真地完成。其中体现的是精益求精的（　　）。

A. 工匠精神　　B. 长征精神　　C. 奉献精神　　D. 劳模精神

149.（多选）当前我国仍处于工业化、城镇化过程中，化工行业仍处在快速发展期，安全与发展不平衡、不充分的矛盾问题仍然突出，（　　）亟待全面加强。

A. 危化品安全生产工作和 HAZOP 分析

B. 化学品安全知识普及和 HAZOP 分析认知

C. 化学品安全入门培训和 HAZOP 分析人才培养

D. 化学品安全科普教育和媒体宣传

150.（多选）为促进行业安全健康发展，化工 HAZOP 分析在其中发挥了重要作用。下列哪些举措对培养化工 HAZOP 分析人才具有推动作用？（　　）

A. 实施 1+X 证书制度，推广化工 HAZOP 分析职业技能等级证书

B. 培育一批化工 HAZOP 分析师资队伍

C. 鼓励院校学生和企业职工考取化工 HAZOP 分析职业技能等级证书

D. 面向职工开展化工 HAZOP 分析专项技能培训

题库答案

1. 答案：C

2. 答案：A

3. 答案：A

4. 答案：A

5. 答案：C

6. 答案：C

7. 答案：D

8. 答案：A

9. 答案：A

10. 答案：A

11. 答案：B

12. 答案：A

13. 答案：ABCD

14. 答案：ABCD

15. 答案：ABCD

16. 答案：ABD

17. 答案：ABC

18. 答案：ABCD

19. 答案：ABCD

20. 答案：ABCD

21. 答案：ABCD

22. 答案：AD

23. 答案：AC

24. 答案：ABCD

25. 答案：AD

26. 答案：ABCD

27. 答案：ABCD

28. 答案：ABC

29. 答案：正确

30. 答案：正确

31. 答案：错误

32. 答案：正确

33. 答案：正确

34. 答案：错误

35. 答案：正确

36. 答案：正确

37. 答案：正确

38. 答案：正确

39. 答案：正确

40. 答案：正确

41. 答案：错误

42. 答案：错误

43. 答案：正确

44. 答案：正确

45. 答案：错误

46. 答案：C

47. 答案：C

48. 答案：B

49. 答案：A

50. 答案：D

51. 答案：C

52. 答案：C

53. 答案：C

54. 答案：B

55. 答案：C

56. 答案：B

57. 答案：C

58. 答案：D

59. 答案：C

60. 答案：C

61. 答案：错误

62. 答案：D

63. 答案：C

64. 答案：C

65. 答案：B

66. 答案：C

67. 答案：D

68. 答案：A

69. 答案：B

70. 答案：A

71. 答案：A

72. 答案：D

73. 答案：B

74. 答案：C

75. 答案：D

76. 答案：B

77. 答案：A

78. 答案：错误

79. 答案：D

80. 答案：C

81. 答案：错误

82. 答案：错误

83. 答案：正确

84. 答案：B

85. 答案：A

86. 答案：D

87. 答案：B

88. 答案：A

89. 答案：D

90. 答案：D

91. 答案：A

92. 答案：错误

93. 答案：正确

94. 答案：A

95. 答案：A

96. 答案：正确

97. 答案：A

98. 答案：正确

99. 答案：B

100. 答案：D

101. 答案：A

102. 答案：正确

103. 答案：C

104. 答案：A

105. 答案：A

106. 答案：C

107. 答案：B

108. 答案：D

109. 答案：A

110. 答案：D

111. 答案：B

112. 答案：C

113. 答案：A

114. 答案：A

115. 答案：D

116. 答案：D

117. 答案：C

118. 答案：错误

119. 答案：错误

120. 答案：正确

121. 答案：B

122. 答案：正确

123. 答案：D

124. 答案：A

125. 答案：D

126. 答案：C

127. 答案：A

128. 答案：错误

129. 答案：正确

130. 答案：错误

131. 答案：错误

132. 答案：ABCD

133. 答案：BC

134. 答案：CD

135. 答案：ABC

136. 答案：ABCD

137. 答案：ABD

138. 答案：AC

139. 答案：A

140. 答案：B

141. 答案：正确

142. 答案：正确

143. 答案：错误

144. 答案：AD

145. 答案：ACD

146. 答案：ACD

147. 答案：ABCD

148. 答案：A

149. 答案：ABCD

150. 答案：ABCD

参考文献

[1] 危险与可操作性分析质量控制与审查导则：T/CCSAS 001—2018[S]. 中国化学品安全协会，2018.

[2] 危险与可操作性分析（HAZOP 分析）应用指南：GB/T 35320—2017/IEC 61882 2001[S].2017-12-29.

[3] 安全生产风险分级管控体系通则：DB51/T 2767—2021[S].2021-03-01.

[4] 生产安全事故隐患排查治理体系通则：DB51/T 2768—2021[S].2021-03-01.

[5] 危险化学品重大危险源辨识：GB 18218—2018[S].2019-03-01.